国家职业资格培训教材
技能型人才培训用书

钢筋工（中级）

第 2 版

国家职业资格培训教材编审委员会　组编

李永生　主编

机械工业出版社

本书是依据《国家职业标准　钢筋工》（中级）的知识要求和技能要求，按照岗位培训需要的原则编写的。本书的主要内容包括：钢筋混凝土结构施工图识读、料具准备、钢筋配料、钢筋加工与安装、钢筋工程质量检查与资料整理等。书末附有与之配套的试题库、模拟试卷样例及其答案，以便于企业培训、考核鉴定和读者自测自查。

　　本书可作为企业培训、职业技能鉴定的教材，也可作为高级技工学校、技师学院、高职和各种短训班的教学用书，还可供工程技术人员和相关专业人员自学和参考使用。

图书在版编目（CIP）数据

钢筋工：中级/李永生主编；国家职业资格培训教材编审委员会组编．—2版．—北京：机械工业出版社，2014.9（2022.8重印）
国家职业资格培训教材．技能型人才培训用书
ISBN 978-7-111-47852-2

Ⅰ．①钢…　Ⅱ．①李…②国…　Ⅲ．①建筑工程—钢筋—工程施工—技术培训—教材　Ⅳ．①TU755.3

中国版本图书馆 CIP 数据核字（2014）第 203978 号

机械工业出版社（北京市百万庄大街22号　邮政编码100037）
策划编辑：侯宪国　责任编辑：侯宪国
版式设计：赵颖喆　责任校对：纪　敬
责任印制：郜　敏
北京富资园科技发展有限公司印刷
2022 年 8 月第 2 版第 5 次印刷
169mm×239mm·14.25 印张·261 千字
标准书号：ISBN 978-7-111-47852-2
定价：29.80 元

电话服务　　　　　　　网络服务
客服电话：010-88361066　机　工　官　网：www.cmpbook.com
　　　　　010-88379833　机　工　官　博：weibo.com/cmp1952
　　　　　010-68326294　金　书　网：www.golden-book.com
封底无防伪标均为盗版　机工教育服务网：www.cmpedu.com

第 2 版 序

在"十五"末期，为贯彻落实"全国职业教育工作会议"和"全国再就业会议"精神，加快培养一大批高素质的技能型人才，机械工业出版社精心策划了与原劳动和社会保障部《国家职业标准》配套的《国家职业资格培训教材》。这套教材涵盖 41 个职业工种，共 172 种，由十几个省、自治区、直辖市相关行业 200 多名工程技术人员、教师、技师和高级技师等从事技能培训和鉴定的专家参加编写。教材出版后，以其兼顾岗位培训和鉴定培训需要，理论、技能、题库合一，便于自检自测，受到全国各级培训、鉴定部门和广大技术工人的欢迎，基本满足了培训、鉴定和读者自学的需要，在"十一五"期间为培养技能人才发挥了重要作用，本套教材也因此成为国家职业资格鉴定考证培训及企业员工培训的品牌教材。

2010 年，《国家中长期人才发展规划纲要（2010—2020 年）》《国家中长期教育改革和发展规划纲要（2010—2020 年）》《关于加强职业培训促就业的意见》相继颁布和出台，2012 年 1 月，国务院批转了"七部委"联合制定的《促进就业规划（2011—2015 年）》，在这些规划和意见中，都重点阐述了加大职业技能培训力度、加快技能人才培养的重要意义，以及相应的配套政策和措施。为适应这一新形势，同时也鉴于第 1 版教材所涉及的许多知识、技术、工艺、标准等已发生了变化的实际情况，我们经过深入调研，并在充分听取了广大读者和业界专家意见的基础上，决定对已经出版的《国家职业资格培训教材》进行修订。本次修订，仍以原有的大部分作者为班底，并保持原有的"以技能为主线，理论、技能、题库合一"的编写模式，重点在以下几个方面进行了改进：

1. 新增紧缺职业工种——为满足社会需求，又开发了一批近几年比较紧缺的以及新增的职业工种教材，使本套教材覆盖的职业工种更加广泛。

2. 紧跟国家职业标准——按照最新颁布的《国家职业技能标准》（或《国家职业标准》）规定的工作内容和技能要求重新整合、补充和完善内容，涵盖职业标准中所要求的知识点和技能点。

3. 提炼重点知识技能——在内容的选择上，以"够用"为原则，提炼应重点掌握的必需的专业知识和技能，删减了不必要的理论知识，使内容更加精练。

4. 补充更新技术内容——紧密结合最新技术发展，删除了陈旧过时的内容，补充了新的技术内容。

5. 同步最新技术标准——对原教材中按旧的技术标准编写的内容进行更新，所有内容均与最新的技术标准同步。

6. 精选技能鉴定题库——按鉴定要求精选了职业技能鉴定试题，试题贴近教材、贴近国家试题库的考点，更具典型性、代表性、通用性和实用性。

7. 配备免费电子教案——为方便培训教学，我们为本套教材开发配备了配套的电子教案，免费赠送给选用本套教材的机构和教师。

8. 配备操作实景光盘——根据读者需要，部分教材配备了操作实景光盘。

一言概之，经过精心修订，第 2 版教材在保留了第 1 版教材精华的同时，内容更加精练、可靠、实用，针对性更强，更能满足社会需求和读者需要。全套教材既可作为各级职业技能鉴定培训机构、企业培训部门的考前培训教材，又可作为读者考前复习和自测使用的复习用书，也可供职业技能鉴定部门在鉴定命题时参考，还可作为职业技术院校、技工院校、各种短训班的专业课教材。

在本套教材的调研、策划、编写过程中，曾经得到许多企业、鉴定培训机构有关领导、专家的大力支持和帮助，在此表示衷心的感谢！

虽然我们已经尽了最大努力，但教材中仍难免存在不足之处，恳请专家和广大读者批评指正。

国家职业资格培训教材第 2 版编审委员会

第1版 序一

当前和今后一个时期，是我国全面建设小康社会、开创中国特色社会主义事业新局面的重要战略机遇期。建设小康社会需要科技创新，离不开技能人才。"全国人才工作会议""全国职教工作会议"都强调要把"提高技术工人素质、培养高技能人才"作为重要任务来抓。当今世界，谁掌握了先进的科学技术并拥有大量技术娴熟、手艺高超的技能人才，谁就能生产出高质量的产品，创出自己的名牌；谁就能在激烈的市场竞争中立于不败之地。我国有近一亿技术工人，他们是社会物质财富的直接创造者。技术工人的劳动，是科技成果转化为生产力的关键环节，是经济发展的重要基础。

科学技术是财富，操作技能也是财富，而且是重要的财富。中华全国总工会始终把提高劳动者素质作为一项重要任务，在职工中开展的"当好主力军，建功'十一五'和谐奔小康"竞赛中，全国各级工会特别是各级工会职工技协组织注重加强职工技能开发，实施群众性经济技术创新工程，坚持从行业和企业实际出发，广泛开展岗位练兵、技术比赛、技术革新、技术协作等活动，不断提高职工的技术技能和操作水平，涌现出一大批掌握高超技能的能工巧匠。他们以自己的勤劳和智慧，在推动企业技术进步，促进产品更新换代和升级中发挥了积极的作用。

欣闻机械工业出版社配合新的《国家职业标准》为技术工人编写了这套涵盖41个职业的172种"国家职业资格培训教材"。这套教材由全国各地技能培训和考评专家编写，具有权威性和代表性；将理论与技能有机结合，并紧紧围绕《国家职业标准》的知识点和技能鉴定点编写，实用性、针对性强，既有必备的理论和技能知识，又有考核鉴定的理论和技能题库及答案，编排科学，便于培训和检测。

这套教材的出版非常及时，为培养技能型人才做了一件大好事，我相信这套教材一定会为我们培养更多更好的高技能人才做出贡献！

（李永安　中国职工技术协会常务副会长）

第1版 序二

为贯彻"全国职业教育工作会议"和"全国再就业会议"精神，全面推进技能振兴计划和高技能人才培养工程，加快培养一大批高素质的技能型人才，我们精心策划了这套与劳动和社会保障部最新颁布的《国家职业标准》配套的《国家职业资格培训教材》。

进入 21 世纪，我国制造业在世界上所占的比重越来越大，随着我国逐渐成为"世界制造业中心"进程的加快，制造业的主力军——技能人才，尤其是高级技能人才的严重缺乏已成为制约我国制造业快速发展的瓶颈，高级蓝领出现断层的消息屡屡见诸报端。据统计，我国技术工人中高级以上技工只占 3.5%，与发达国家 40% 的比例相去甚远。为此，国务院先后召开了"全国职业教育工作会议"和"全国再就业会议"，提出了"三年 50 万新技师的培养计划"，强调各地、各行业、各企业、各职业院校等要大力开展职业技术培训，以培训促就业，全面提高技术工人的素质。

技术工人密集的机械行业历来高度重视技术工人的职业技能培训工作，尤其是技术工人培训教材的基础建设工作，并在几十年的实践中积累了丰富的教材建设经验。作为机械行业的专业出版社，机械工业出版社在"七五""八五""九五"期间，先后组织编写出版了"机械工人技术理论培训教材"149 种，"机械工人操作技能培训教材"85 种，"机械工人职业技能培训教材"66 种，"机械工业技师考评培训教材"22 种，以及配套的习题集、试题库和各种辅导性教材约800 种，基本满足了机械行业技术工人培训的需要。这些教材以其针对性、实用性强，覆盖面广，层次齐备，成龙配套等特点，受到全国各级培训、鉴定和考工部门和技术工人的欢迎。

2000 年以来，我国相继颁布了《中华人民共和国职业分类大典》和新的《国家职业标准》，其中对我国职业技术工人的工种、等级、职业的活动范围、工作内容、技能要求和知识水平等根据实际需要进行了重新界定，将国家职业资格分为 5 个等级：初级（5 级）、中级（4 级）、高级（3 级）、技师（2 级）、高级技师（1 级）。为与新的《国家职业标准》配套，更好地满足当前各级职业培训和技术工人考工取证的需要，我们精心策划编写了这套《国家职业资格培训教材》。

这套教材是依据劳动和社会保障部最新颁布的《国家职业标准》编写的，

为满足各级培训考工部门和广大读者的需要，这次共编写了 41 个职业 172 种教材。在职业选择上，除机电行业通用职业外，还选择了建筑、汽车、家电等其他相近行业的热门职业。每个职业按《国家职业标准》规定的工作内容和技能要求编写初级、中级、高级、技师（含高级技师）四本教材，各等级合理衔接、步步提升，为高技能人才培养搭建了科学的阶梯型培训架构。为满足实际培训的需要，对多工种共同需求的基础知识我们还分别编写了《机械制图》、《机械基础》、《电工常识》、《电工基础》、《建筑装饰识图》等近 20 种公共基础教材。

在编写原则上，依据《国家职业标准》又不拘泥于《国家职业标准》是我们这套教材的创新。为满足沿海制造业发达地区对技能人才细分市场的需要，我们对模具、制冷、电梯等社会需求量大又已单独培训和考核的职业，从相应的职业标准中剥离出来单独编写了针对性较强的培训教材。

为满足培训、鉴定、考工和读者自学的需要，在编写时我们考虑了教材的配套性。教材的章首有培训要点、章末配复习思考题，书末有与之配套的试题库和答案，以及便于自检自测的理论和技能模拟试卷，同时还根据需求为 20 多种教材配制了 VCD 光盘。

为扩大教材的覆盖面和体现教材的权威性，我们组织了上海、江苏、广东、广西、北京、山东、吉林、河北、四川、内蒙古等地相关行业从事技能培训和考工的 200 多名专家、工程技术人员、教师、技师和高级技师参加编写。

这套教材在编写过程中力求突出"新"字，做到"知识新、工艺新、技术新、设备新、标准新"，增强实用性，重在教会读者掌握必需的专业知识和技能，是企业培训部门、各级职业技能鉴定培训机构、再就业和农民工培训机构的理想教材，也可作为技工学校、职业高中、各种短训班的专业课教材。

在这套教材的调研、策划、编写过程中，曾经得到广东省职业技能鉴定中心、上海市职业技能鉴定中心、江苏省机械工业联合会、中国第一汽车集团公司以及北京、上海、广东、广西、江苏、山东、河北、内蒙古等地许多企业和技工学校的有关领导、专家、工程技术人员、教师、技师和高级技师的大力支持和帮助，在此谨向为本套教材的策划、编写和出版付出艰辛劳动的全体人员表示衷心的感谢！

教材中难免存在不足之处，诚恳希望从事职业教育的专家和广大读者不吝赐教，提出批评指正。我们真诚希望与您携手，共同打造职业培训教材的精品。

国家职业资格培训教材编审委员会

前　言

　　本教材是依据中华人民共和国劳动和社会保障部制定的《国家职业标准钢筋工》以及现行国家标准，在《钢筋工（中级）》（第1版）基础上进行的再版，为中级钢筋工职业资格培训教材，包括专业知识和技能训练两方面内容。

　　钢筋工是一个对理论知识、施工经验要求较强的工种。在编写过程中，坚持以满足岗位培训需要为原则，基础知识以实用够用为宗旨，突出操作技能，以操作技能为主线，理论为技能服务，将操作技能与理论知识有机地结合。本书力求将最新的设备、工艺融入教材中，在满足《国家职业标准》要求的基础上，进一步拓展读者的知识面。本书内容精练、通俗实用、覆盖面广、层次合理，便于读者学习、掌握。

　　在《钢筋工（中级）》（第1版）的基础上，本教材按照现行国家标准对相关内容进行了修订，采用了国家新标准、法定计量单位和规范的名词术语，更新了工艺，书后附有试题库、模拟试卷样例及其答案，内容丰富，实用性强。

　　由于时间仓促，经验不足，书中难免存在缺点和错误，欢迎广大读者批评指正。

编　者

目　录

第 一 章

钢筋混凝土结构施工图识读

> **培训学习目标** 了解框架结构梁、板、柱及一般楼梯的构造特点，正确识读钢筋混凝土框架梁、板、柱及普通现浇钢筋混凝土楼梯等结构构件的结构施工图。

◆◇◆ 第一节 钢筋混凝土结构施工图的识读

施工图是设计人员用来表达建筑结构和构件的外形、尺寸、材料、构造以及内部组成的工程图样，是建筑施工的重要依据。作为土建主要工种的钢筋工，首先应学会看懂施工图，尤其是结构施工图。

结构施工图的识读在《建筑装饰识图》（本丛书公共基础教材）中已经有详细的介绍，这里重点介绍平法制图的识读。

一、平法制图的概念

建筑结构施工图平面设计方法，简称平法。它是把结构构件的尺寸和配筋等，按照平面整体表示方法的制图规则，整体直接地表达在各类构件的结构平面布置图上，再与标准结构详图相配合，构成一套完整的结构设计的方法。平法施工图彻底改变了将构件从结构平面布置中索引出来，再逐个绘制配筋详图的繁琐方法。

平法制图的特点是施工图数量少，单张图样信息量大，内容集中，构件分类明确，非常有利于施工。经过十年来的推广应用，平法已成为钢筋混凝土结构工程的主要设计方法，因此钢筋工必须熟知平法设计的结构施工图，并对其进行翻样，否则难以进行高层、小高层及多层钢筋混凝土结构的施工。

二、平法结构施工图的识读要点

1）先看图名、比例、单位、说明等，尺寸单位除了标高为 m 外，其他一般为 mm。

2）逐一分析每一张图和图中的表，看懂每个构件中共有几种钢筋，每一种类型的钢筋的形状、等级、直径、长度、根数、间距等。

3）结合标准结构详图，看清楚钢筋在构件内部的布置情况及钢筋之间的相互关系、交叉节点处的立体关系、钢筋的锚固长度、搭接长度等，以便为钢筋下料、成形、绑扎安装打下基础。

4）根据所给图样看懂构件的截面尺寸和构件的编号，读懂构件的形状、尺寸等，同时看清模板中预埋件、预留孔的位置等，以便安排钢筋施工与之更好地配合。

5）了解构件各部位的具体尺寸、保护层厚度以及在结构系统中的位置。

6）了解构件所使用材料的规格及用量。

❖❖❖ 第二节　钢筋混凝土框架结构平法施工图

一、钢筋混凝土框架结构柱平法施工图

钢筋混凝土框架结构柱平法施工图有两种注写方式，分别为列表注写方式和截面注写方式。

1. 柱平法施工图列表注写方式

（1）列表注写方式　列表注写方式，是在柱平面布置图上（一般只需采用适当比例绘制一张柱平面布置图，包括框架柱、框支柱、梁上柱和剪力墙上柱），分别在同一编号的柱中选择一个（有时需要选择几个）截面标注几何参数代号（选择有代表性的柱标注截面几何参数代号）；在柱表中注写柱号、柱段起止标高、几何尺寸（含柱截面对轴线的偏心情况）与配筋的具体数值，并配以各种柱截面形状及其类型图，来表达柱平法施工图。

1）柱编号。柱编号由类型代号和序列号组成，见表1-1。

表1-1　柱编号

柱 类 型	代 号	序 号	柱 类 型	代 号	序 号
框架柱	KZ	××	梁上柱	LZ	××
框支柱	KZZ	××	剪力墙上柱	QZ	××

KZ××，代号为汉语拼音的缩写，序号为阿拉伯数字。

截面改变处或配筋改变处须分段！

2）柱各段的起止标高。自柱的根部往上以截面改变位置或配筋改变处为界分段注写。框架柱和框支柱的根部标高系指基础顶面标高；芯柱的根部标高系指根据结构实际需要而定的起始位置标高；梁上柱的根部标高系指梁顶面标高；剪力墙上柱的根部标高分两种：当柱纵筋锚固在墙顶部时，其根部标高为墙顶面标高；当柱与剪力墙重叠一层时，其根部标高为墙顶面往下一层的结构层楼面标高。

3）柱几何尺寸。柱截面尺寸 b、h 及与轴线关系的几何参数 b_1、b_2 和 h_1、h_2 的具体数值关系为 $b = b_1 + b_2$、$h = h_1 + h_2$。当截面的某一边收缩变化至与轴线重合或偏到轴线的另一侧时，b_1、b_2 和 h_1、h_2 中的某项为零或为负值。

4）柱纵筋。当柱纵筋直径相同，各边根数也相同时，纵筋在"全部纵筋"一栏中；除此之外，柱纵筋分角筋、截面 b 边中部筋和 h 边中部筋三项分别注写。对于采用对称配筋的矩形截面柱，可仅注一侧中部筋，对称边省略不注。

5）箍筋。箍筋类型号及箍筋肢数在箍筋类型栏内注写。具体工程所设计的各种箍筋类型图以及箍筋复合的具体方式，画在表的上部或图中的适当位置，并在其上标注与表中相对的 b、h，并编上"类型号"。

柱箍筋要注写钢筋级别、直径和间矩。在抗震设计中，用斜线"/"区分柱端箍筋加密区与柱身非加密区长度范围内箍筋的不同间距。施工人员须根据标准构件详图的规定，在规定的几种长度值中取其最大者作为加密区长度。

例如，φ10@100/250，表示箍筋为 HPB235（Ⅰ级）钢筋，直径为 10mm，加密区间距为 100mm，非加密区间距为 250mm。

当箍筋沿柱全高间距不变时，则不使用"/"线。例如，φ10@100，表示箍筋为 HPB235（Ⅰ级）钢筋，直径为 10mm，间距为 100mm，沿柱全高加密。

当圆柱采用螺旋箍筋时，需在箍筋前加"L"，例如，Lφ10@100/200，表示采用螺旋箍筋，HPB235（Ⅰ级）钢筋，直径为 10mm，加密区间距为 100mm，非加密区间距为 200mm。

当柱（包括芯柱）纵筋采用搭接连接，且为抗震设计时，在柱纵筋长度范围内的箍筋均应按不大于 $5d$（d 为柱纵筋较小直径）并不大于 100mm 的间距加密。

（2）柱平法施工图列表注写方式示例　图 1-1 所示为柱平法施工图列表注写方式的示例。

1）图中 KZ1 柱，标高在 −0.030 ～ 19.470m 处，截面尺寸为 $b \times h = 750\text{mm} \times 700\text{mm}$，全部纵筋配有 24 根直径为 25mm 的 HRB335（Ⅱ级）钢筋，各边钢筋根数相同。箍筋采用类型 1，肢数一边为 5 肢，另一边为 4 肢；φ10@100/200，表示箍筋为 HPB235（Ⅰ级）钢筋，直径为 10mm，加密区间距为 100mm，非加密区间距为 200mm。

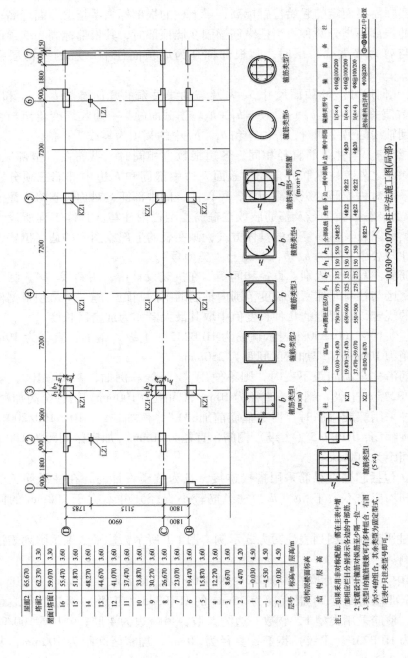

图1-1 柱平法施工图列表注写方式示例

2）图中 KZ1 柱标高在 19.470～37.470m 处，截面尺寸为 $b \times h = 650mm \times 600mm$，纵筋角筋配有 4 根直径为 22mm 的 HRB335（Ⅱ级）钢筋；b 边一侧中部配有 5 根直径为 22mm 的 HRB335（Ⅱ级）钢筋；h 边一侧中部配有 4 根直径为 20mm 的 HRB335（Ⅱ级）钢筋。箍筋采用类型 1，肢数为 4 肢；φ10@100/200，表示箍筋为 HPB235（Ⅰ级）钢筋，直径为 10mm，加密区间距为 100mm，非加密区间距 200mm。

2. 柱平法施工图截面注写方式

（1）截面注写方式　截面注写方式，是在按标准层绘制的柱平面布置图的柱截面上，分别在同一编号的柱中选择一个截面，以直接注写截面尺寸和配筋具体数值的方式来表达柱平法施工图。对所有柱截面进行编号，从相同编号中选一个截面，按另一个比例原位放大绘制柱截面配筋图，并在各配筋图上继其编号后再注写截面尺寸 $b \times h$、角筋或全部纵筋、箍筋的具体数值，并在柱截面配筋图上标注柱截面与轴线关系 b_1、b_2 和 h_1、h_2 的具体数值。

当纵筋采用两种直径时，要再次注写截面各边钢筋的具体数值。对于采用对称配筋的矩形截面柱，可仅在一侧注写中部筋，对称边省略不注。

当采用截面注写方式时，可以根据具体情况，在一个柱平面布置图上加用小括号"（）"和尖括号"＜＞"来区分和表达不同标准层的注写数值。

（2）柱平法施工图截面注写示例　图 1-2 所示为柱平法施工图截面注写方式的示例。

1）图中 KZ1 柱，标高在 19.470～37.470m 处，截面尺寸为 $b \times h = 650mm \times 600mm$，纵筋角筋配有 4 根直径为 22mm 的 HRB335（Ⅱ级）钢筋；b 边一侧中部配有 5 根直径为 22mm 的 HRB335（Ⅱ级）钢筋；h 边一侧中部配有 4 根直径为 20mm 的 HRB335（Ⅱ级）钢筋。箍筋是直径为 10mm 的 HPB235 级（Ⅰ级）钢筋，加密区间距为 100mm，非加密区间距为 200mm。

2）图中 KZ2 柱，标高在 19.470～37.470m 处，截面尺寸为 $b \times h = 650mm \times 600mm$，纵筋角筋配有 4 根直径为 22mm 的 HRB335（Ⅱ级）钢筋；b 边一侧中部配有 5 根直径为 22mm 的 HRB335（Ⅱ级）钢筋；h 边一侧中部配有 4 根直径为 22mm 的 HRB335（Ⅱ级）钢筋。箍筋是直径为 10mm 的 HPB235 级（Ⅰ级）钢筋，加密区间距为 100mm，非加密区间距为 200mm。

3）图中 KZ3 柱，标高在 198.470～37.470m 处，截面尺寸为 $b \times h = 650mm \times 600mm$，纵筋配有 24 根直径为 22mm 的 HRB335（Ⅱ级）钢筋，各边钢筋均匀布置，数量相同。箍筋是直径为 10mm 的 HPB235 级（Ⅰ级）钢筋，加密区间距为 100mm，非加密区间 200mm。

4）图中 LZ1 柱，标高在 19.470～37.470m 处，截面尺寸为 $b \times h = 250mm \times 300mm$，纵筋配有 6 根直径为 16mm 的 HRB335（Ⅱ级）钢筋，在 h 边一侧各配

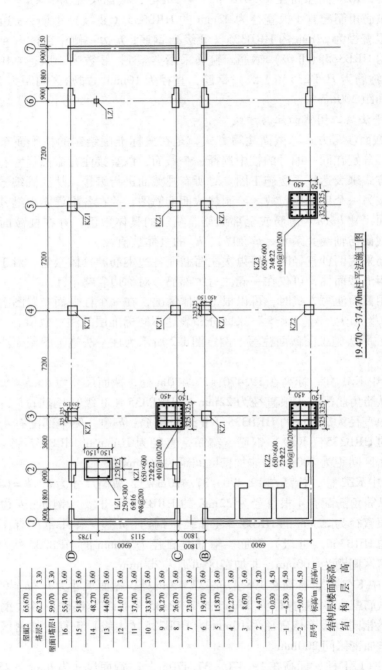

图 1-2　柱平法施工图截面注写方式示例

19.470～37.470m柱平法施工图

有 3 根。箍筋是直径为 10mm 的 HPB235（Ⅰ级）钢筋，间距为 200mm。

二、钢筋混凝土框架结构梁平法施工图

钢筋混凝土框架结构梁平法施工图也有两种注写方式，分别为平面注写方式和截面注写方式。

1. 平面注写方式

平面注写方式是在梁平面布置图上，分别在不同编号中各选一根梁，在其上以注写截面尺寸和配筋具体数值的方式来表达梁平面施工图。

平面注写包括集中标注与原位标注，集中标注表达梁的通用数值，原位标注表达梁的特殊数值。当集中标注中的某项数值不适用于梁的某部位时，则将该项数值原位标注，施工时原位标注取值优先。梁平法施工图平面注写方式集中标注示例如图 1-3 所示。

图中四个梁截面采用传统表示方法绘制，用于对比按平面注写方式表达的同样内容，实际采用平面注写表达时，不需要绘制梁截面配筋图及相应截面号。

（1）梁集中标注 梁集中标注的内容，有五项必注值及若干项选注值。

1）梁编号为必注值。梁编号见表 1-2。

表 1-2 梁编号

梁 类 型	代 号	序 号	跨数及是否带有悬挑
楼层框架梁	KL	××	（××），（××A）或（××B）
屋面框架梁	WKL	××	（××），（××A）或（××B）
框支梁	KZL	××	（××），（××A）或（××B）
非框架梁	L	××	（××），（××A）或（××B）
悬挑梁	XL	××	（×××），（××A）或（××B）

注：（××A）为一端有悬挑；（××B）为两端有悬挑。悬挑不计入跨数。例如，KL7（5A）表示 7 号框梁，5 跨，一端有悬挑。

2）梁截面尺寸为必注值。当为等截面时，用 $b \times h$ 表示；当为加腋梁时，用 $b \times h\, Yc_1 \times c_2$ 表示，其中 c_1 为腋长，c_2 为腋高，h_1、h_2 分别为根部和端部的高度，如图 1-4 所示；当有悬挑梁且根部和端部的高度不同时，用斜线分隔根部与端部的高度值，即为 $b \times h_1/h_2$，如图 1-5 所示。

3）梁箍筋，包括钢筋级别、直径、间距及肢数为必注值。箍筋加密区与非加密区的不同间距及肢数需用斜线"/"分隔；当梁箍筋为同一种间距及肢数时则不用斜线；当加密区与非加密区的箍筋肢数相同时，则将肢数注写一次；箍筋肢数应写在括号内。

例如，$\phi 10@100/200$（4），表示箍筋为 HPB235（Ⅰ级）钢筋，直径为 10mm，加密区间距为 100mm，非加密区间距为 200mm，均为四肢箍。

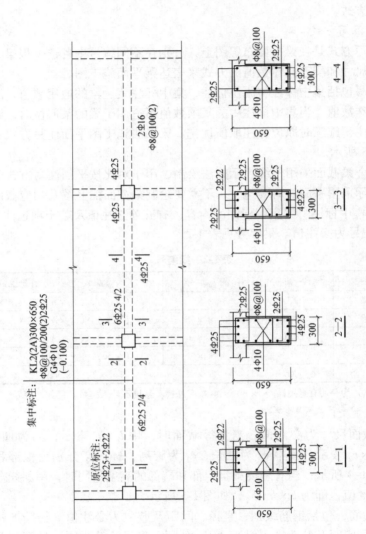

图 1-3　梁平法施工图平面注写方式集中标注示例

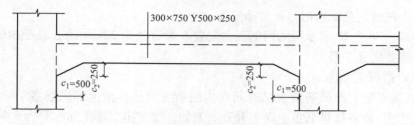

图1-4　加腋截面尺寸注写示例

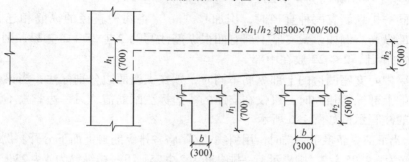

图1-5　悬挑梁不等截面尺寸注写示例

ϕ 10@100（4）/150（2），表示箍筋为HPB235（Ⅰ级）钢筋，直径为10mm，加密区间距为100mm，四肢箍；非加密区间距为150mm，两肢箍。

4）梁上部贯通筋或架立筋根数为必注值。当同排纵筋既有贯通筋，又有架立筋时，应用加号"＋"将贯通筋和架立筋相连。注写时须将角部纵筋写在加号的前面，架立筋写在加号后面的括号内，以示不同直径及与贯通筋的区别。当全部采用架立筋时，则将其写入括号内。

> 架立筋一般是Ⅰ级钢，贯通筋多为Ⅱ级钢

例如，2Φ22用于双肢箍；2Φ22＋（4ϕ12）用于六肢箍，其中2Φ22为贯通筋，4ϕ12为架立筋。

当梁的上部纵筋和下部纵筋为全跨相同，且多数跨的全部配筋相同时，此项可加注下部纵筋的配筋值，用分号"；"将上部与下部纵筋的配筋值分隔开来。

> 是上部和下部分别各自相同！

例如，3Φ22；3Φ20表示梁的上部配置3Φ22的贯通筋，梁的下部配置3Φ20的贯通筋。

5）梁的侧面配置的纵向构造筋或受扭钢筋为必注值。当梁腹板高度$h_w \geqslant 450$mm时，须配置纵向构造钢筋，此项注写值以大写字母G打头，接连注写设置在梁两个侧面的总配筋值，且对称配置。

例如，G4ϕ12表示梁两个侧面共配有4根直径为12mm的Ⅰ级纵向构造钢筋，每侧各配置2根。

当梁侧配置受扭纵向钢筋时，此项注写以大写字母N打头，接续注写配置

在梁两个侧面的总配筋值，且对称配置。

例如，N6 ⚊ 22 表示梁的两侧面共配置 6 根直径为 22mm 的 Ⅱ级受扭纵向钢筋，每侧各配置 3 根。

（2）梁原位标注

1）梁支座上部纵筋指含贯通筋在内的所有纵筋。当上部纵筋多于一排时，用斜线"/"将各排纵筋自上而下分开。例如，梁支座上部纵筋注写为 6 ⚊ 25 4/2，则表示上一排纵筋为 4 ⚊ 25，下一排纵筋为 2 ⚊ 25。

当同一排纵筋有两种直径时，用加号"＋"将两种直径的纵筋相连，前面的为角部纵筋。例如，梁支座上部有四根纵筋注写为 2 ⚊ 25 ＋ 2 ⚊ 22，则表示 2 ⚊ 25 放在角部，2 ⚊ 22 放在中部。

当梁中间支座两边的上部纵筋不同时，须在支座两边分别标注；当梁中间支座两边的上部纵筋相同时，可仅在支座的一边标注配筋值，另一边省去不注。大小跨梁的注写示例如图 1-6 所示。

2）当下部纵筋多于一排时，用斜线"/"将各排纵筋自上而下分开。例如，梁下部纵筋为 6 ⚊ 25 4/2，则表示上一排纵筋为 2 ⚊ 25，下一排纵筋为 4 ⚊ 25，全部伸入支座。

当同排纵筋有两种直径时，用加号"＋"将两种直径的纵筋相连，角筋注写在前面。

当梁下部纵筋不全部伸入支座时，将支座下纵筋减少的数量写在括号内。例如，梁下部纵筋为 6 ⚊ 25 （－2）/4，则表示上排纵筋为 2 ⚊ 25 且不伸入支座；下一排纵筋为 4 ⚊ 25，全部伸入支座。梁下部纵筋为 2 ⚊ 25 ＋ 3 ⚊ 22 （－3）/5 ⚊ 25，则表示上排纵筋为 2 ⚊ 25 和 3 ⚊ 22，其中 3 ⚊ 22 不伸入支座；下一排纵筋为 5 ⚊ 25，全部伸入支座。

3）当梁高大于 700mm 时，需设置的侧面纵向构造钢筋按标准构造详图施工，设计图中不注。

4）将附加箍筋或吊筋直接画在平面图中的主梁上，用线引注总配筋值。

梁平法施工图平面注写方式示例如图 1-7 所示。

2. 截面注写方式

截面注写方式，是在分标准层绘制的梁平面布置图上，分别在不同编号的梁中各选择一根梁，用剖面号引出配筋图，并以其上注写截面尺寸和配筋具体数值的方式来表达梁平法施工图。

在截面配筋图上注写截面尺寸 $b \times h$、上部筋、下部筋、侧面筋和箍筋的具体数值时，其表达形式与平面注写方式相同。

截面注写方式既可以单独使用，也可与平面注写方式结合使用，梁平法施工图截面注写方式示例如图 1-8 所示。

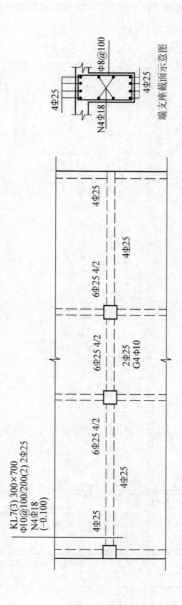

图 1-6　大小跨梁的注写示例

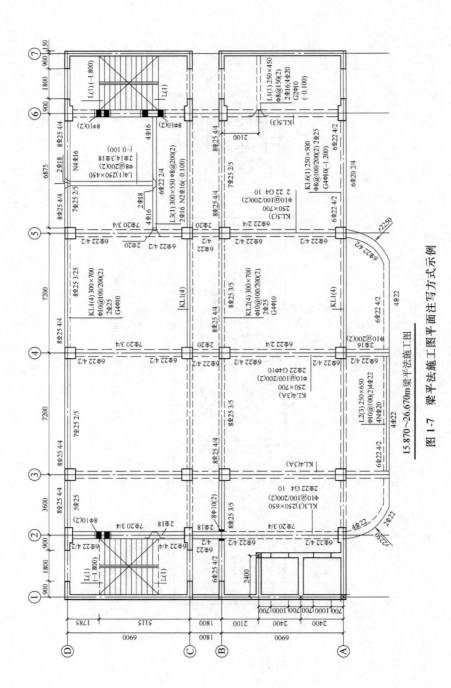

图 1-7 梁平法施工图平面注写方式示例

15.870~26.670m梁平法施工图

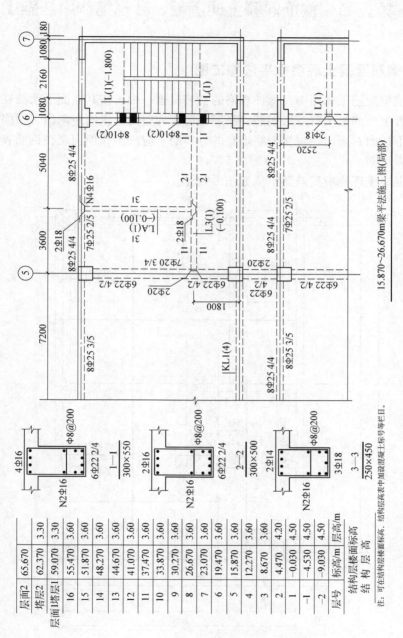

图 1-8 梁平法施工图截面注写方式示例

15.870~26.670m梁平法施工图(局部)

层号	标高/m 结构层楼面标高	层高/m 结构层高
层面2	65.670	
塔层2	62.370	3.30
塔层1	59.070	3.30
层面1	55.470	3.60
16	51.870	3.60
15	48.270	3.60
14	44.670	3.60
13	41.070	3.60
12	37.470	3.60
11	33.870	3.60
10	30.270	3.60
9	26.670	3.60
8	23.070	3.60
7	19.470	3.60
6	15.870	3.60
5	12.270	3.60
4	8.670	4.20
3	4.470	4.50
2	-0.030	4.50
1	-4.530	4.50
-1	-9.030	
-2		

注:可在结构层楼面标高、结构层高表中加设混凝土标号等栏目。

◇◇◇◇ 第三节　钢筋混凝土现浇板、楼梯结构平法施工图

一、钢筋混凝土现浇板平法施工图

在现浇板配筋平面图中，每种规格的钢筋只画一根，按其立面形状画在钢筋安放的位置上。如板中有双层钢筋，底层钢筋弯钩应向上或向左画出，顶层钢筋弯钩应向下或向右画出。与受力筋垂直的分布筋不应画出，但应画在钢筋表中或用文字加以说明。

钢筋混凝土现浇板配筋图示例如图1-9所示。

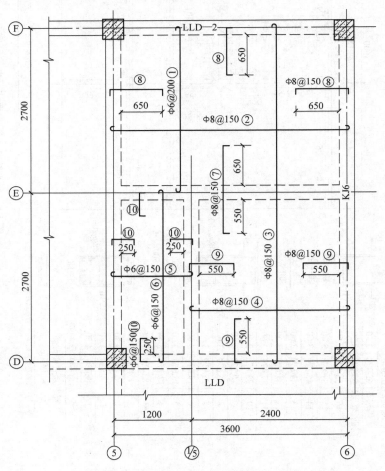

图1-9　钢筋混凝土现浇板配筋图示例

图 1-9 所示为 XB1 板，厚度为 70mm。图中细实线表示可见的板、梁的轮廓线，细虚线表示板下不可见梁的轮廓线，粗实线表示的是板内的钢筋。图中编号①～⑥的钢筋为受力筋，两端有半圆弯钩；编号⑦～⑩为构造筋，两端有直角弯钩。其中①号钢筋为φ6@200，表示①号钢筋是直径为 6mm 的 HPB235（Ⅰ级）钢筋，间距为 200mm；其他编号的钢筋表示方式与此类同。

二、板式楼梯平法施工图

板式楼梯平法施工图在楼梯平面图上采用平面注写方式表达。楼梯平面布置图应按照楼梯的标准层采用适当比例集中绘制，或与标准层的梁平法施工图一起绘制在同一张图上。

平面注写方式是在楼梯平面图上注写截面尺寸和配筋具体数值，注写内容包括集中标注和外围标注。集中标注表达梯板的类型代号和序号、梯板的竖向几何尺寸以及楼梯间的平面尺寸。

板式楼梯共有 11 种，分两组类型。第一组板式楼梯有 5 种类型，分别为AT、BT、CT、DT、ET 型；第二组板式楼梯有 6 种类型，分别为 FT、GT、HT、JT、KT、LT 型。

◇◇◇◇ 第四节　钢筋混凝土结构施工图识读训练实例

● 训练 1　钢筋混凝土框架柱配筋识读

图 1-10 所示为某钢筋混凝土框架柱配筋图的局部，识读如下：

（1）图名　图名为 A1 段出屋面间柱配筋图，该工程的平面比较大，有好几个分区，这里表示的是 A1 段，高出屋面部分的柱配筋图，该图选取了其中的一间。

（2）轴线与柱网　从图中可以看出，该图选取部分的横向轴线为④和⑤，轴线尺寸为 5m，纵向轴线为 A 区ⓒ和 A 区ⓓ，轴线尺寸为 8.5m。该部分的 4 根柱分为两种，分别是 KZ10 和 KZ12。

（3）配筋表示方法　该图采用的是平面标注方法，图中对两种不同编号的柱 KZ10 和 KZ12 分别进行了原位放大，直接标注配筋。

（4）柱截面尺寸　KZ12 的截面尺寸为 500mm×500mm，双向居中。KZ10的截面尺寸为 450mm×500mm，b 边方向居中，h 方向有所不同，其中，ⓓ轴线居中，ⓒ轴线偏心，两边的尺寸分别是 100mm 和 400mm。

（5）柱配筋　KZ10 的纵筋为 10 Φ16，其中，四角各 1 根，b 边中部 1 根，h 边中部 2 根；箍筋的直径为 8mm，Ⅰ级钢，间距为 200mm，加密区间距为

100mm。KZ12 的纵筋为 12Φ16，四角各 1 根，b 边和 h 边中部各 2 根；箍筋的直径为 8mm，Ⅰ级钢，间距为 200mm，加密区间距为 100mm。

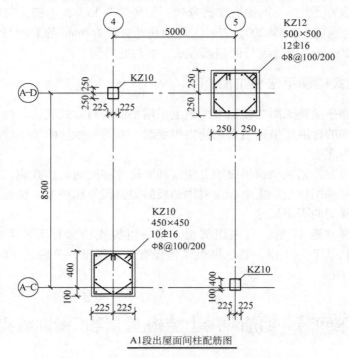

A1段出屋面间柱配筋图

图 1-10　某钢筋混凝土框架柱配筋图（局部）

● **训练 2　钢筋混凝土框架梁配筋识读**

图 1-11 所示为某钢筋混凝土框架梁配筋图的局部，识读如下：

（1）图名　图名为 A1 段出屋面间梁配筋图。

（2）轴线与柱网　同训练 1。

（3）配筋表示方法　该图采用的是截面表示方法，以集中标注为主，对局部不同的地方，采用了原位标注的方式。

（4）梁的中心位置　④轴线上的梁 WKL62，梁宽 250mm，轴线两边的距离分别是 150mm 和 100mm。⑤轴线上的梁与④轴线上的梁偏心方向完全相反，其余则相同。

（5）梁截面尺寸与配筋　该局部图中共表示出 4 根梁的截面尺寸与具体配筋，其中⑤轴线上的梁与④轴线上的梁完全相同，其编号为 WKL62，ⓒ轴梁的编号为 WKL63，ⓓ轴梁的编号为 WKL64。图中对这 3 根不同编号的梁分别进行了集中标注，以ⓓ轴梁 WKL64 为例，其具体标注内容如下：

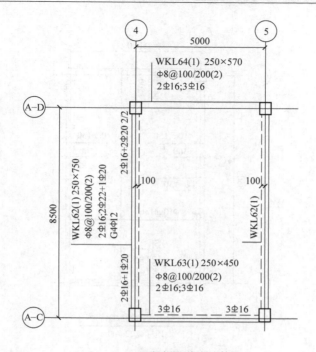

A1段出屋面间梁配筋图
未注明梁顶标高22.800m

图1-11 某钢筋混凝土框架梁配筋图（局部）

第一行，表示该梁的编号为 WKL64，1 跨，无悬挑，梁宽度为 250mm，梁高度为 570mm；第二行，表示出该梁的箍筋，其直径为 8mm，Ⅰ级钢，间距为200mm，加密区间距为 100mm，双肢箍；第三行，表示出该梁的纵筋，上部为 2根通长Ⅱ级钢筋，直径 16mm，下部为 3 根通长Ⅱ级钢筋，直径 16mm。

梁 WKL63 与梁 WKL64 基本相同，但梁高度为 450mm。另外，梁 WKL63中，根据原位标注，其上部负筋为 3 ⚌16。

● 训练 3   钢筋混凝土板配筋识读

图1-12 为某钢筋混凝土框架板的配筋图，识读如下：

（1）图名   图名为 A1 段出屋面间板配筋图，图名下方标明了该现浇板的板顶标高为 22.800m。

（2）轴线   从图中可以看出，该现浇板的四周有 4 条轴线：横向轴线为④和⑤，轴线尺寸为 5m；纵向轴线为 A 区Ⓒ和 A 区Ⓓ，轴线尺寸为 8.5m。

（3）梁、柱   图中绘出了该现浇板四周梁、柱的投影。柱的断面投影用粗线表示，梁的投影则用中线表示，由于梁、板整浇，板底面与梁内侧的交线用虚线表示。

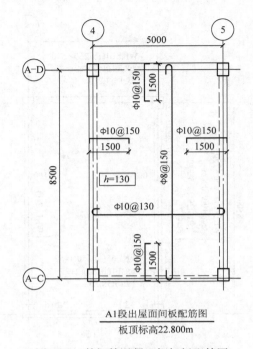

A1段出屋面间板配筋图
板顶标高22.800m

图 1-12　某钢筋混凝土框架板配筋图

（4）板配筋　图中分别绘出了该现浇板纵横两个方向的底部配筋和上部负筋：短方向的底部配筋为Φ10@130，即长度为 5m 的贯通钢筋，直径 10mm，HPB235（Ⅰ级），间距为 130mm；长方向的底部配筋为Φ8@150，即长度为 8.5m 的贯通钢筋，直径 8mm，HPB235（Ⅰ级），间距为 150mm；板上部的钢筋全部为Φ10@150，即直径 10mm，HPB235（Ⅰ级），间距为 150mm，钢筋长度全部为 1.5m。

（5）板的厚度　板的中部用矩形框标出了"$h = 130$"的字样，表示该现浇板的厚度为 130mm。

● 训练 4　钢筋混凝土楼梯施工图识读

1. 楼梯竖向布置

图 1-13 所示为楼梯结构构件的竖向布置，图中表示出以下内容：

（1）图名　图名为 A1 段（A2 段）楼梯竖向布置简图，指明了楼梯的位置，同时适用于 A1 段和 A2 段。

（2）定位轴线和图示范围　水平方向的图示范围为 A 区Ⓒ轴至 A 区Ⓓ轴，轴线间距 8.5m；垂直方向的图示范围为底层至六层，由于中间层完全相同，图中省去了四、五两层，将四、五、六三层合并，采用集中标注标高的形式表示。

楼层的标高为结构标高，相当于楼梯间的竖向定位轴线。

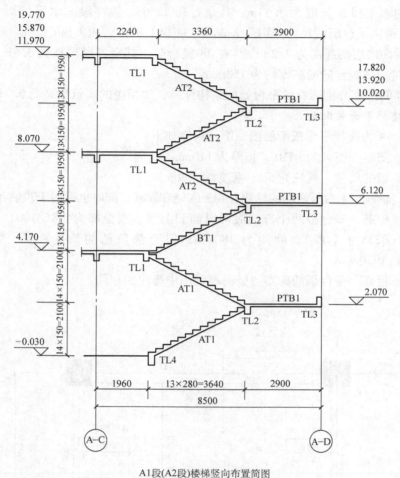

A1段(A2段)楼梯竖向布置简图

图 1-13 某楼梯竖向布置简图

（3）楼梯结构构件及代号 图中画出了楼梯间的所有结构构件，并分别标出了相应的代号。楼梯结构构件分为 3 种：

1）梯段板。梯段板共有 3 种类型，分别是 AT1、AT2 和 BT1。

2）平台板。图中标有代号为 PTB1 的是楼梯中间休息平台处的平台板，共有 5 块，楼层处的平台板没有单独标注，应为预制板或与相邻处整体现浇，具体情况应阅读结构平面图。

3）平台梁。平台梁共有 4 种类型，分别是 TL1、TL2、TL3 和 TL4。

（4）尺寸与标高 楼梯间水平方向标有两道尺寸：外道是轴线尺寸，ⓒ轴至①轴间的尺寸为8.5m。里道是细部尺寸，楼梯踏步宽280mm，底层有13个，楼梯段的水平投影长度为3.64m；其余各层12个，楼梯段的水平投影长度为3.36m；两边平台板的尺寸分别是2.24m（底层1.96m）和2.9m。

楼梯间底层的层高为4.2m，共有28级台阶，其余各层层高为3.9m，共有26级台阶，每级台阶的高度均为150mm。

楼梯间两侧分别标有各平台处的结构标高，比相应的建筑标高低0.03m。

2. 楼梯平台板配筋

图1-14为楼梯平台板配筋图，图示内容如下：

（1）图名　图名为PTB1，板厚为110mm。

（2）板的尺寸　板长为5m，板宽为2.9m。

（3）轴线　平台板两端的轴线分别是④轴和⑤轴，同时也适用于⑲轴和⑳轴。

（4）配筋　平台板两个方向底部纵筋和上部负筋全部为φ8@180，即直径8mm，HPB235（Ⅰ级），间距为180mm；但上部负筋的长度不同，分别是850mm和1050mm。

（5）标高　平台板的标高与竖向布置图中标注的相同。

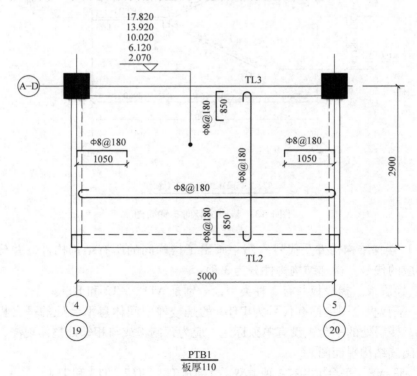

图1-14　某楼梯平台板配筋图

3. 楼梯平台梁配筋

图 1-15 为楼梯平台梁配筋图，共有 4 个，以 TL1 为例，其图示内容如下：

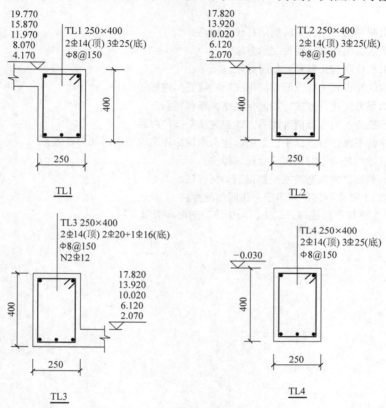

图 1-15　楼梯平台梁配筋图

（1）图名　图名为 TL1。

（2）梁截面尺寸　梁宽 250mm，梁高 400mm。

（3）纵筋　顶部纵筋为 2 Φ 14，底部纵筋为 3 Φ 25。

（4）箍筋　箍筋为 Φ 8@150。

（5）标高　平台梁的标高与竖向布置图中标注的相同。

TL2 除了标高不同外，其余与 TL1 完全相同。

TL3 中有 2 根抗扭钢筋，直径 12mm，HRB335（Ⅱ级）钢筋。此外，TL3 的底部纵筋与 TL1 也不同，为 2 Φ 20 + 1 Φ 16。还要特别提醒的是 TL3 是一种反梁，即梁的底部与板的底部平齐，这与一般的梁是不同的。

TL4 是楼梯第一个上行梯段的底部支承梁，是一根独立梁，其断面尺寸和配筋与 TL1 完全相同。

复习思考题

1. 什么叫平法制图？平法制图有什么特点？

2. 柱平法施工图有哪两种表示方法？

3. 什么是柱段起止标高？如何标注？

4. 列表注写方式中柱纵筋如何标注？柱箍筋如何标注？

5. 什么是截面注写方式？如何标注柱纵筋和箍筋？

6. 梁平法施工图有哪两种注写方式？应注写哪些内容？

7. 在梁的平面注写方式中，集中标注与原位标注出现矛盾时如何处理？

8. 加腋梁和悬挑梁的截面尺寸如何标注？

9. 梁的侧面纵向构造筋或受扭钢筋如何标注？

10. 梁的上部或下部纵筋多于一排时如何标注？

11. AT 型楼梯平面注写方式中，集中注写的内容有哪几项？

第 二 章

料 具 准 备

> 📖 **培训学习目标** 掌握钢筋的取样方法，熟悉试验报告单，能对钢筋进行进场验收；了解预应力混凝土施工中所用的锚具、夹具及张拉设备的知识并能正确选用各种施工机具。

◆◆◆ 第一节 钢筋的进场验收

钢筋是钢筋混凝土结构中的主要受力材料，钢筋质量是否符合标准，将直接影响建筑物的使用和安全，所以施工中对钢筋原材料的进场验收工作要十分重视。

一、钢筋进场验收程序

钢筋进场验收程序如图 2-1 所示。

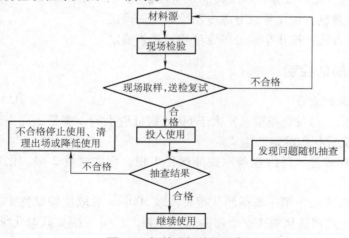

图 2-1　钢筋进场验收程序

二、钢筋原材料的验收

1. 一般项目

（1）验收标准　钢筋应平直，表面不得有裂纹、油污、颗粒状或片状老锈。

（2）检查数量　进场时和使用前全数检查。

（3）检验方法　观察。

2. 主控项目

（1）力学性能检验

1）验收标准：按现行国家标准《钢筋混凝土用钢》（GB 1499.1～GB 1499.3）的规定抽取试件作力学性能检验，其质量必须符合有关标准的规定。

2）检查数量：按进场的批次和产品的抽样检验方案确定。

3）检验方法：检查产品合格证、出厂检验报告和进场复验报告。

（2）抗震结构

1）验收标准：对有抗震设防要求的框架结构，其纵向受力钢筋的强度应满足设计要求；当设计无具体要求时，对于一、二级抗震等级，检验所得的强度实测值应符合下列规定：

①钢筋的屈服强度实测值与强度标准值的比值不大于1.3。

②钢筋的抗拉强度实测值与屈服强度实测值的比值不小于1.25。

2）检查数量：按进场的批次和产品的抽样检验方法确定。

3）检验方法：检查产品合格证、出厂检验报告和进场复验报告。

（3）化学成分检验或其他专项检验

1）验收标准：当发现钢筋脆断、焊接不良或力学性能显著不正常时，应对该批次钢筋进行化学成分检验或其他专项检验。

2）检查数量：按化学成分等专项检验报告确定。

3）检验方法：按化学成分等专项检验报告确定。

三、钢筋的检验

1. 热轧圆钢盘条

（1）组批　每批盘条重量不大于60t，每批应由同一牌号、同一炉罐号、同一规格、同一交货状态的钢筋组成。

（2）取样数量　每批盘条取拉伸试件1根，弯曲试件2根，化学分析试件1根。

（3）取样方法　第一盘钢筋从端头截取500mm后取拉伸试件1根，弯曲试件1根，第二盘钢筋从端头截取弯曲试件1根，从另一端头截取化学试件1根，试件长度应符合规定要求。

（4）检验项目

1）拉伸试验：冷拉用钢筋检验其抗拉强度、伸长率；建筑用钢筋检验其屈服点、抗拉强度、伸长率。

2）弯曲试验：检验钢筋的弯心直径、弯曲角度。

3）化学成分试验：检验钢筋的碳（C）、硫（S）、锰（Mn）、硅（Si）、磷（P）含量。

2. 热轧光圆钢筋、余热处理钢筋、热轧带肋钢筋

（1）组批　每批重量不大于60t，每批应由同一牌号、同一炉罐号、同一规格、同一交货状态的钢筋组成。

（2）取样数量　每批取拉伸试件2根，弯曲试件2根，化学分析试件1根。

（3）取样方法　任取2根钢筋，第一根从端头截去500mm后取拉伸试件1根，弯曲试件1根；从另一根钢筋端头截去500mm后取拉伸试件1根，弯曲试件1根，从另一端取化学试件1根。

（4）检验项目　拉伸试验：屈服点、抗拉强度、伸长率；弯曲试验：弯心直径、弯曲角度；化学成分：碳（C）、硫（S）、锰（Mn）、硅（Si）、磷（P）的含量。

3. 冷轧带肋钢筋

（1）组批　每批重量不大于60t，由同一牌号、同一规格、同一级别、同一交货状态的钢筋组成，不足60t也按一批计。

（2）取样数量　每批取拉伸试件1根，弯曲试件2根，化学分析试件1根。

（3）取样方法　每盘钢筋从端头截去500mm后，取拉伸试件1根；同一批材料中，从切取拉伸试件后的钢筋中任取两盘，在一盘上切取1根弯曲试件，1根化学试件，在另一盘上切取1根弯曲试件。

（4）检验项目　拉伸试验：屈服点、抗拉强度、伸长率；弯曲试验：弯心直径、弯曲角度；化学成分：碳（C）、硫（S）、锰（Mn）、硅（Si）、磷（P）含量。

4. 冷轧扭钢筋

（1）组批　每批应由同一牌号、同一规格、同一台轧机、同一台班的钢筋组成，且不大于10t，不足10t按一批计。

（2）取样数量　每批取拉伸试件2根，弯曲试件1根。

（3）取样方法　从每批钢筋中随机抽取3根钢筋，各取一个试件，其中两个试件作拉伸试验，一个试件作弯曲试验，试件长度不小于500mm。

（4）检验项目　拉伸试验：屈服点、抗拉强度、伸长率；弯曲试验：弯心直径、弯曲角度。

5. 预应力混凝土用钢丝

（1）组批　每批由同一牌号、同一规格、同一强度等级、同一生产工艺制造的钢丝组成，每批重量不大于 60t。

（2）取样数量　每批取拉伸试件 2 根，弯曲试件 1 根。

（3）取样方法　每批任取 1 盘，从两端截取拉伸试验 2 根，弯曲试验 1 根。

（4）检验项目　抗拉试验：抗拉强度、伸长率；反复弯曲试验：弯曲角度、弯曲次数。

6. 钢绞线

（1）组批　预应力钢绞线应成批验收。每批由同一钢号、同一规格、同一生产工艺制造的钢绞线组成，每一批重量不大于 60t。

（2）取样数量　每批取拉伸试件 3 盘，若每批少于 3 盘，则逐盘检验。

（3）取样方法　在每批钢绞线中选取 3 盘，从每盘的端部正常部位截取 1 根试样，试样长度不少于 800mm。

（4）检验项目　测拉力试验：破坏负荷、伸长率。

7. 预应力混凝土用钢棒

（1）组批　预应力混凝土用钢棒应成批验收，每批由同一钢号、同一外形、同一公称截面尺寸、同一热处理制度加工的钢棒组成。

（2）取样数量　各试验项目取样数量均为 1 根。

（3）取样方法　不论交货状态是盘条还是直条，试件均在端部取样。

（4）检验项目　抗拉强度、伸长率、平直度。

以上检验结果有不符合标准要求项，则从同一批钢筋中取双倍数量的试件进行不合格项目的复检。复检结果仍有指标不合格，则该批材料为不合格。

四、钢筋力学性能检验的试件制备长度

1. 拉伸试件长度

拉伸试件长度为

$$L = L_0 + 3d + 2h$$

式中　L_0——试件原始标距（mm），钢筋取 $5d$（短试件）和 $10d$（长试件）；钢丝取 100mm 或 200mm；

　　　　d——钢筋直径（mm）；

　　　　h——试件夹持长度（mm），在不确定时可取 120mm。

2. 弯曲试件长度

弯曲试件长度为

$$L = 0.5\pi(d + a) + 140$$

式中　d——弯心直径（mm）；

a——试件直径（mm）。

3. 钢筋（丝）反复弯曲试件长度

钢筋（丝）反复弯曲试件长度一般按 200mm 切取。

五、钢筋力学性能试验及试验报告单

1. 钢筋力学性能试验

（1）钢筋拉伸试验　依据国家钢筋材质标准的规定，通过试验求得屈服强度、抗拉强度和伸长率等指标，确认钢筋拉伸力学性能是否符合有关技术标准的规定，评定钢筋力学性能是否合格。

（2）钢筋弯曲试验　钢筋弯曲试验是建筑钢材的主要工艺性能试验，用以测定钢筋在冷加工时承受变形的能力，钢筋弯曲能力是判定钢筋质量的重要指标之一。

2. 钢筋试验报告单

将钢筋力学性能试验得出的数据填入钢筋试验报告单，加盖试验单位及技术监理部门的印章后，即成为具有法律效力的钢筋有关性能质量的依据。钢筋试验报告单见表 2-1。

表 2-1　钢筋力学性能试验报告单

委托单位：　　　　　　　　　　报告编号：　　　　　　　　　年　月　日										
委托编号：　　　　　工程名称：　　　　　　试验日期：　　　年　月　日										
原件名称：　　　　　工程部位：　　　　　　送样日期：　　　年　月　日										
出厂证明号：										
原样编号	试样称呼钢号	试件尺寸		屈服点		抗拉强度		伸长率 δ（%）	断口处特征	冷弯直径 d/mm	鉴定意见
		直径/mm	宽 mm × 高 mm	荷重/kN	强度/MPa	荷重/kN	强度/MPa				
备注：											

识读钢筋试验报告单时应注意以下内容：

1）核对工程名称是否相符。

2）核对试件名称及编号是否与实际的钢筋相符合。

3）核对是否符合钢筋混凝土构件和预应力钢筋混凝土构件所用钢筋的质量标准，即将试验报告单中的有关数据与钢筋质量标准中的力学性能和冷弯试验的标准值相比较。

4）核对钢筋试验时的试件取样方法是否正确。

5）检查试验报告是否盖有检验单位及技术监理部门的印章，确定试验报告单的有效性。

6）掌握各种钢筋试验结果的核对方法及对不同试验结果的处理方法。

◆◆◆◆ 第二节　预应力混凝土施工机具

一、预应力混凝土基本概念

在正常使用条件下，普通钢筋混凝土结构受弯构件受拉区极易出现开裂现象，使构件处于带裂缝工作阶段。为了保证结构的耐久性，裂缝宽度一般应限制在 0.2~0.3mm，此时钢筋应力仅为 150~250MPa。目前，高强度钢筋的强度设计值已超过 1000MPa，所以在普通钢筋混凝土结构中，采用高强度钢筋无法发挥其应有的作用，即普通钢筋混凝土结构限制了高强度钢筋的应用。随着施工技术水平的不断提高，出现了预应力混凝土这种施工工艺，较好地解决了这一矛盾。

预应力混凝土施工是在构件承受荷载以前，预先对受拉区混凝土施加压力，使其产生预压应力，当构件承受使用荷载而产生拉应力时，首先要抵消混凝土的预压应力，然后随着荷载的增加，受拉区混凝土产生拉应力。因此，预应力混凝土可推迟混凝土裂缝的出现和开展，提高构件的抗裂性和刚度，以满足使用要求。

预应力混凝土与普通混凝土相比，具有以下的特点：

1）提高混凝土的抗裂度和刚度，从而提高了构件的刚度和整体性。

2）增强构件的耐久性，相应地延长混凝土构件的使用寿命。

3）节约材料，降低成本，一般可节约15%左右，并且增大了建筑物的使用空间，从整体上减轻了结构自重，提高了抗震能力，为发展重载、大跨、大开间结构体系创造了条件。

4）使用范围广，可用于大跨度预制混凝土屋面梁、屋架、吊车梁等工业厂房构件，又可用于预应力简支桥梁和连续桥梁等大跨度桥梁、水工结构、核电站安全壳、电视塔、圆形水池与筒仓等大型特种结构。

5）制作成本较高，对材料要求较高。要求预应力混凝土结构的混凝土强度等级不低于 C30，当采用碳素钢丝、钢绞线、热处理钢筋作预应力筋时，混凝土的强度等级不宜低于 C40。

预应力混凝土工程，按照施加预应力的方式，分为机械张拉和电张拉两类；按施加预应力的时间，分为先张法和后张法两类。在后张法中，预应力又可分为有粘接和无粘结两种。

二、锚具、夹具

锚具和夹具是制作预应力构件施工过程中张拉预应力筋后锚夹预应力筋的部件。锚具是为保持后张法结构或构件中预应力筋的拉力并将其传递到混凝土上用的永久性锚固装置；夹具是先张法构件施工时为保持预应力筋拉力并将其固定在张拉台座（或钢模）上用的临时性锚固装置。后张法张拉用的夹具又称工具锚，是将千斤顶（或其他张拉设备）的张拉力传递到预应力筋的装置。

锚具和夹具的种类很多，按外形可分为螺杆式、镦头式、夹片式、锥销式、挤压式等；按使用部位可分为张拉端锚具、锚固端锚具、工具锚具；按作用机理可分为摩阻型、握裹型和承压型。摩阻型锚具、夹具主要依靠摩阻力夹持预应力筋，包括楔片式、锥销式、夹片式和波浪式。握裹型锚具、夹具主要依靠握裹力锚夹预应力筋，包括挤压式锚具、压花类锚具。承压型锚具、夹具则主要依靠承压力和抗剪力锚夹预应力筋，包括螺杆式、镦头式帮条锚具。

先张法张拉常采用锥形锚具、波形夹具、镦头夹具等钢丝锚具、夹具和螺杆锚具、锥销夹具、帮条锚具等粗钢筋锚具、夹具；后张法张拉常采用夹片式锚具、镦头式锚具、钢制锥形锚具等。选择使用锚具、夹具主要根据构件外形、预应力的品种、规格、数量以及配用的张拉设备等条件，其作用是保证预应力筋安全可靠地锚固。

1. 摩阻型锚具、夹具

摩阻型锚具、夹具是利用楔形锚固原理，借张拉回缩带动锚楔或锥销将钢筋楔紧而锚固。摩阻型锚具、夹具按其构造型式，可分为楔片式、锥销式、夹片式和波浪式4种。

（1）楔片式锚具、夹具 由楔片和带有楔形孔的锚板组成，多用于锚夹钢丝，如图2-2所示。使用时，必须打紧楔片才能锚夹钢丝，而能否打紧楔片的关键在于停止打击时，楔片仍能在原位处于平衡，即自锁，并且在传力时，楔片在钢丝挟带下能够进一步相互挤紧，最后达到摩阻力与钢丝拉力平衡、钢丝不再滑移、形成自锚的目的。

（2）锥销式锚具、夹具 由锚圈（环）和锚塞组成，用于锚夹钢丝、钢丝束、钢绞线束和小直径的钢筋，如图2-3所示，其锚夹原理同楔片式锚具、夹具。

我国常用的锥销式锚具、夹具形式较多，具体介绍以下3种：

1）钢质锥形锚具，如图2-4所示，它是由锚圈（环）及锚塞组成。钢质锥形锚具适用于锚固以锥锚式千斤顶（双作用或三作用千斤顶）张拉的钢丝束，每束由12～24根直径为5mm的碳素钢丝组成。

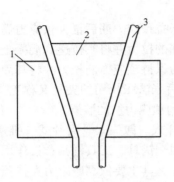

图 2-2　楔片式锚具、夹具
1—锚板　2—楔片　3—钢丝

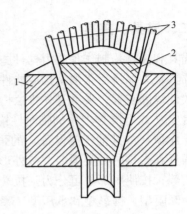

图 2-3　锥销式锚具、夹具
1—锚圈（环）　2—锚塞　3—预应力筋

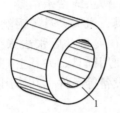

图 2-4　钢质锥形锚具
1—锚圈　2—锚塞

　　使用时，通过调整千斤卡盘（张拉设备）上楔片的松紧，使各根钢丝受力均匀，然后进行成束张拉。张拉到要求吨位后，顶压锚塞，顶压力不应低于张拉力的 60%，此时锚塞被顶入锚圈，钢丝被夹紧在锚塞周围。锚塞上刻有细齿槽，夹紧钢丝后可防止滑移。

　　钢质锥形锚具用 45 钢制作，加工精度要求高，锚圈内壁与锚塞锥度要吻合，锚塞热处理硬度为 55 ~ 58HRC，锚圈须经磁力探伤，无内伤才可使用。

　　2）可锻铸铁锚具，即 KT—Z 型锚具，如图 2-5 所示。这种锚具由锚环和锚塞组成，锚环呈带凸边的圆筒形，中间开有圆锥孔；锥形锚塞上带有外宽内窄的槽口；用 KTH370—12 或 KTH350—10 可锻铸铁铸造成形。

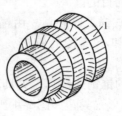

　　可锻铸铁锚具在后张法施工中，适用于锚固 3 ~ 6 根直径为 12mm 的冷拉螺纹钢筋与钢筋束以及 3 ~ 6 根直径为 12mm 的钢绞线束。

图 2-5　KT—Z 型锚具
1—锚环　2—锚塞

3）锥形螺杆锚具由锥形螺杆、套筒、垫板及螺母组成，如图2-6所示。该种锚具的锥形螺杆和套筒均采用45钢制作；螺母和垫板采用15钢制作。锥形螺杆锚具适用于锚固14～28根ϕ^b5mm钢丝束。锥形螺杆锚具外径较大，为了减小构件孔道直径，一般仅在构件两端扩大孔道，因其锚具不能穿过预应力筋孔道，所以，预应力钢丝束只能预先组装一端的锚具，而另一端则在钢丝束穿过孔道后在现场组装。

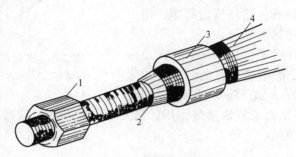

图2-6 锥形螺杆锚具
1—螺母 2—锥形螺杆 3—套筒 4—钢丝

采用锥形螺杆锚具时，锚具的组装是重要环节，如图2-7所示，首先把钢丝放在锥形螺杆的锥体部分，使钢丝均匀、整齐地贴紧锥体，然后套上套筒，同锤子将套筒均匀地打紧，最后用拉伸机使锥形螺杆的锥体部分进入套筒，并使套筒发生变形，从而使钢丝和锥形锚具的套筒、端杆锚成一个整体，这个过程称为预顶。预顶的张拉力为预应力筋张拉力的120%～130%，以使钢丝束牢固地锚在锚具内，张拉时不致滑动。

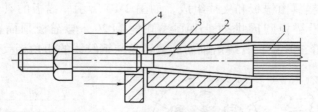

图2-7 锥形螺杆锚具安装图
1—钢丝 2—套筒 3—锥形螺杆 4—压圈

（3）夹片式锚具、夹具 是指多根钢筋夹片式锚具与夹具，主要有JM型、XM型、QM型、OVM型等，由锚环和环状排列的夹片组成，如图2-8所示。这类锚具有两个特点：一是被锚夹的预应力筋在锚具中不必弯折，因而它既适用于钢丝束、钢绞线束，又适用于钢筋束；二是对预应力筋直径偏差的敏感性小，锚夹十分可靠。目前采用此类锚具、夹具的情况较多。

1）JM 型锚具由锚环与夹片组成，如图 2-9 所示。该种锚具的夹片属于分体组合型，组合的夹片形成一个整体锥形楔块，可以锚固多根预应力筋，因此，锚环是单孔的。锚固预应力筋时，用穿心式千斤顶张拉预应力筋后随即顶进夹片。JM 型锚具的特点是尺寸小，端部不需扩孔，锚环构造简单，但不适用于吨位较大的锚固单元。

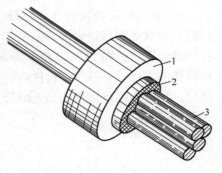

图 2-8　夹片式锚具、夹具
1—锚环　2—夹片　3—钢筋束

JM 型锚具可用于锚固 3～6 根直径为 12mm 的光圆或变形钢筋束，也可用于锚固 5～6 根直径为 12mm 或 15mm 的钢绞线束。JM 型锚具也可以作为工具锚重复使用，当发现夹筋孔的齿纹有轻度的损伤时，即应改为工具锚使用。

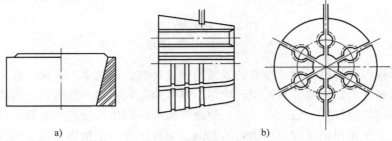

图 2-9　JM 型锚具
a）锚环　b）绞 JM—12—6 夹片

2）XM 型锚具由锚板和夹片组成，如图 2-10 所示。锚板的具体尺寸由锚孔数确定，锚孔沿锚板圆周排列，中心线倾角 1:20，与锚板顶面垂直。夹片为 120°均分斜开缝三片式，开缝沿轴向的偏转角与钢绞线的扭角相反。

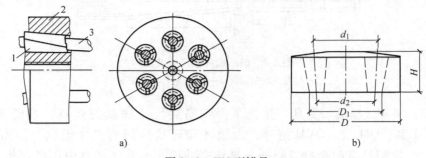

图 2-10　XM 型锚具
a）装配图　b）锚板
1—夹片　2—锚板　3—钢绞线

XM 型锚具的特点是，每根钢绞线都是分开锚固的，任何一根钢绞线的失效，不会引起整束锚固失效。XM 型锚具也可作为工具锚使用。当作为工具锚使用时，可在夹片和锚板之间涂抹一层固体润滑剂（如石蜡、石墨等），以利于使用后的夹片松脱。用作工具锚时，由于有时需要连续反复进行张拉的操作，因而可以用行程不大的千斤顶张拉任意长度的钢绞线。

3）QM 型锚具由锚板与夹片组成，但与 XM 型锚具的不同之处为：该种锚具的锚板顶面是平的，锚孔垂直于锚板顶面，夹片为两片式垂直开缝（带钢丝圈），可合理确定锚具尺寸；此外，还备有配套的喇叭形铸铁垫板与弹簧圈等；由于灌浆孔设在垫板上，则锚板尺寸须稍小；该锚固体系还配有专门的工具锚。QM 型锚具构造的规格尺寸及锚固预应力筋的形式如图 2-11 所示。

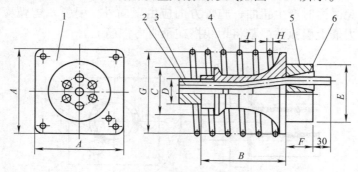

图 2-11　QM 型锚具及配件

1—锚垫板　2—钢绞线　3—金属管道　4—螺旋筋　5—锚板　6—夹片

QM 型锚具主要用于锚固 7 ϕ^s4mm 以上的钢绞线。表 2-2 所列为 QM13 型锚具的构造尺寸。

表 2-2　QM13 型锚具构造尺寸

锚 具 规 格		3	4	5	6、7	9	12	19	27	31	37	43	55
锚垫板	A/mm	160	140	150	170	200	230	290	330	350	380	410	460
	B/mm	130	135	145	160	200	230	300	340	370	370	400	460
	$C(\phi)$/mm	105	105	115	130	150	170	210	240	260	280	310	350
波纹管径	$D(\phi_外)$/mm	23	53	53	67	73	87	97	107	112	127	137	147
	$D(\phi_内)$/mm	20	50	50	60	70	80	90	100	105	120	130	140
锚板	$E(\phi)$/mm	85	90	100	115	137	157	195	217	235	360	310	330
	F/mm	50	50	55	55	60	60	70	85	95	110	130	140
螺旋筋	$G(\phi)$/mm	130	150	170	190	240	270	330	400	430	170	510	570
	$H(\phi)$/mm	10	10	12	14	16	16	20	20	20	22	22	22
	I/mm	50	50	50	50	60	60	60	60	60	70	70	70
	圈数 n	4	4	4	5	6	6	7	8	8	8	8	10

4）OVM 型锚具的原理与 XM、QM 型锚具类似，但夹片为两片式，片上有一条开缝槽，锚固 7 ϕ^s4mm 钢绞线与 7 ϕ^s5mm 钢绞线，适用于强度 1860MPa、3~55根直径为 12.7~15.7mm 的钢绞线。

XM、QM、OVM 等型锚具，由于张拉力大，对于锚固 6 根以上钢绞线较为适宜，预留孔道端部均应扩孔，对于锚固 6 根钢绞线以下的端部构造与 JM 型相比，尺寸应扩大，锚固效率系数略高，适用于有粘接的直线、曲线束。

2. 承压型锚具、夹具

（1）帮条式锚具　图 2-12 所示为帮条式锚具，可作为冷拉 HRB335 级以上的预应力筋固定端锚具。制作时，帮条采用与预应力筋同级别的钢筋，垫板采用 15 钢。焊装帮条时，三根帮条应互成 120°角，与垫板相接触的截面应在一个垂直平面上，以免受力时产生扭曲；施焊方向应由里向外，引弧及熄弧应在帮条上，严禁在预应力筋上引弧并严禁将地线搭在预应力钢筋上。

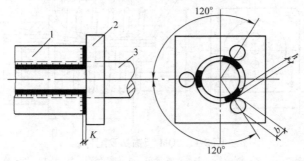

图 2-12　帮条式锚具
1—帮条　2—衬板　3—预应力筋

（2）螺纹端杆锚具　螺纹端杆锚具由螺纹端杆、螺母和垫板组成，如图 2-13 所示。该锚具适用于锚固直径不大于 36mm 的冷拉 HRB335 级以上的钢筋。螺纹端杆采用 45 钢制作；垫板螺母采用 15 钢制作。螺纹端杆长度一般为 320mm；当预应力构件长度大于 300mm 时，一般采用 370mm。螺纹端杆与预应力筋的焊接，应在预应力筋冷拉前进行，以检验焊接质量。

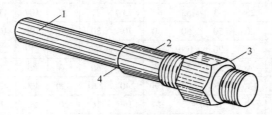

图 2-13　螺纹端杆锚具
1—钢筋　2—螺纹端杆　3—螺母　4—焊接接头

（3）镦头锚具、夹具 根据预应力筋直径的大小和能否重复使用又分为如下两类：

1）第一类镦头锚具如图 2-14 所示，使用钢筋作为预应力筋时，将钢筋端部制成镦头并用垫板卡住镦头锚固钢筋。当预应力筋直径在 22mm 以内时，可用对焊机热镦制作镦头；当钢筋直径较大时，可采用加热锻打制作镦头。

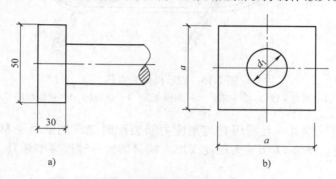

图 2-14 第一类镦头锚具
a）镦头 b）垫板

2）第二类镦头锚具如图 2-15 所示，使用钢丝作为预应力筋时，用承力板（卡板）卡住钢丝镦头锚固钢丝，采用镦头机冷镦制作镦头。

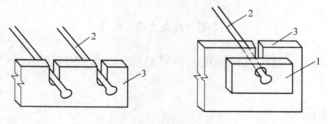

图 2-15 第二类镦头锚具
1—垫片 2—镦头钢丝 3—承力板

采用模外张拉工艺生产多根钢丝预应力筋的预应力构件时，将带镦头的钢丝一端卡在固定梳筋板内，另一端卡在张拉端活动梳筋板的槽内，可通过此活动梳筋板进行成组钢丝一次张拉，这种梳筋板称作"梳筋板镦头夹具"，如图 2-16 所示。

3. 握裹型锚具、夹具

握裹型锚具、夹具按照握裹力形成的方式，分为挤压式和浇铸式两种。

（1）挤压式锚具 握裹预应力筋是通过它的某些零件在强大挤压力作用下发生塑性变形而实现的。

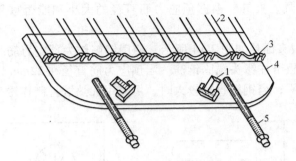

图 2-16　梳筋板镦头夹具

1—张拉钩槽口　2—钢丝　3—钢丝镦头　4—梳筋板　5—锚固螺杆

（2）浇铸式锚具　是利用它与预应力筋装配时浇筑的混凝土材料实现对预应力筋的握裹。图 2-17 所示为压花式埋入锚具即为一种握裹型锚具。

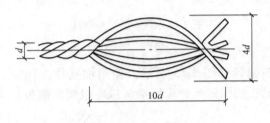

图 2-17　压花式埋入锚具

握裹型锚具、夹具因其耗钢量大，装配复杂，故较少采用，一般只在特殊情况下采用。

三、张拉设备

张拉设备是指张拉预应力筋的机械。张拉设备的种类比较多，并随着科技的进步在不断改进。在先张法施工中，常用的张拉机械有台座式液压千斤顶、电动螺杆张拉机、电动卷扬张拉机等；在后法施工中，常用的张拉机械有拉杆式千斤顶、穿心式千斤顶和锥锚式千斤顶及液压传动用的高压油泵和多接油管等。

1. 台座式液压千斤顶

台座式液压千斤顶的机械代号为 YT。这类机械用在先张法三横梁式或四横梁式台座上，将预应力筋成组整体张拉或放松，如图 2-18 所示。

台座式液压千斤顶张拉工作的特点是：一次张拉吨位较大；但由于千斤顶行程小，不能满足长度较大台座的需要；在长台座上作业，需几次回油，生产效率低。台座式液压千斤顶的技术性能见表 2-3。

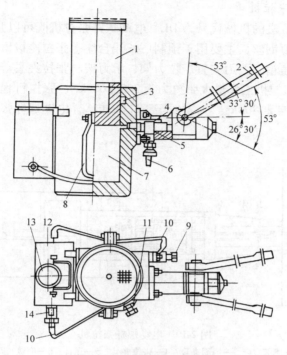

图 2-18 台座式液压千斤顶
1—活塞 2—手柄 3—皮圈 4—液压泵 5—活门装配件 6—进油管
7—液压缸 8—千斤顶吊钩 9—回油阀 10—夹布橡胶管 11—压
力表连接器 12—油箱 13—过滤器罩 14—通油开关

表 2-3 台座式液压千斤顶技术性能

项 目	YT1200	YT3000
额定油压/MPa	50	50
张拉行程/mm	300	500
张拉缸活塞面积/cm^2	250	627.5
理论张拉力/kN	1250	3138
公称张拉力/kN	1200	3000
回程缸液压面积/cm^2	160	313.4
回程油压/MPa		<25
外形尺寸	ϕ250mm×595mm	400mm×400mm×1025mm
质量/kg	150	

2. 电动螺杆张拉机

电动螺杆张拉机的机械代号为 DL。电动螺杆张拉机既可以张拉预应力钢筋，也可以张拉预应力钢丝，主要用于预制厂长线台座上张拉冷拔钢丝，它由张拉螺杆、电动机、变速箱、测力装置、拉力架、承力架与张拉夹具等组成，如图 2-19 所示。电动螺杆张拉机工作最大张拉力为 300～600kN，张拉行程为 800mm，张拉速度为 2m/min，自重 400kg。为了便于工作和转移，电动螺杆张拉机装设在有车轮的小车上。

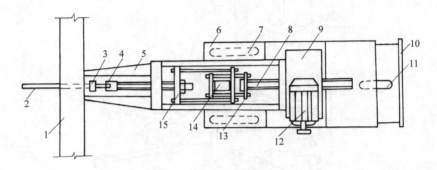

图 2-19　电动螺杆张拉机

1—横梁　2—预应力　3—锚固夹具　4—张拉夹具　5—顶杆　6—底盘　7、11—车轮
8—螺杆　9—齿轮减速箱　10—手把　12—电动机　13、15—拉力架　14—测力计

电动螺杆张拉机工作时，顶杆 5 支承在台座的横梁 1 上，用张拉夹具 4 夹紧预应力筋 2，开动电动机 12 使螺杆 8 向右侧运动，对预应力筋进行张拉，达到控制应力要求时停车，并用预先套好的锚固夹具 3，将预应力筋临时锚固在台座的横梁上，然后开倒车，使电动螺杆张拉机卸荷。电动螺杆张拉机具有运动稳定、螺杆有自锁能力、张拉速度快、行程大等特点。

电动螺杆张拉机操作时，按张拉力数值调整测力计标尺，将钢丝插入钢丝钳中夹住，起动电动机。螺杆向后运动，钢丝即被张拉。当达到张拉力数值时，电动机自动停止转动。锚固好钢丝后，使电动机反向旋转，此时螺杆向前运动，放松钢丝，完成一次张拉操作。

3. 电动卷扬张拉机

电动卷扬张拉机的机械代号为 LY。电动卷扬张拉机简称卷扬机，主要用于长线台座上张拉冷拔低碳钢丝。该机型号分为 LYZ—1A 型（支撑式）和 LYZ—1B 型（夹轨式）两种。A 型适用于多种形式的预制场地，移动变换场地方便，如图 2-20 所示；B 型适用于固定式大型预制场地，左右移动轻便、灵活迅速，生产效率高。

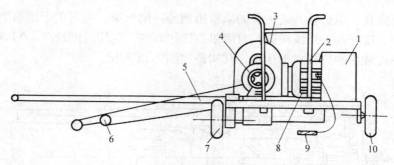

图 2-20 LYZ—1A 型张拉机

1—电控箱　2—电动机　3—减速箱　4—卷筒　5—撑杆
6—夹钳　7—前轮　8—测力计　9—开关　10—后轮

LYZ—1A 型卷扬机由电动力卷扬机、弹簧测力计、电气自动控制装置及专用夹具等组成，电动力卷扬机由电动机、变速箱及卷筒三部分组成。常用的 LYZ—1 型电动卷扬机最大张拉力为 10kN，张拉行程为 5m，张拉速度为 2.5m/min，电动机功率为 0.75kW。

使用电动卷扬张拉机进行预应力筋张拉的工作过程如图 2-21 所示。钢丝的一端用镦头或锚固夹具固定在台座的后横梁上，另一端借张拉夹具与弹簧测力计相连，弹簧测力计又与卷扬机的钢丝绳连接，因此开动卷扬机，即可张拉钢丝。钢丝的拉力由弹簧测力计控制，当达到控制应力时，用预先套在钢丝上的锚固夹具将预应力钢丝锚固在台座的前横梁上，此时即可倒开卷扬机，松开张拉夹具进行下一根预应力钢丝的张拉。

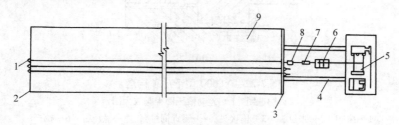

图 2-21 电动卷扬机张拉示意图

1—镦头或锚固夹具　2—后横梁　3—前横梁　4—顶杆
5—电动卷扬机　6—弹簧测力计　7—张拉夹具
8—锚固夹具　9—台座

LYZ—1 型电动卷扬张拉机的工作特点是张拉能力有限，并且弹簧测力计精度较差，但机械构造简单，可通过改进构造提高其工作性能。

4. 拉杆式千斤顶

拉杆式千斤顶的机械代号为 YL。拉杆式千斤顶主要适用于张拉带有螺纹端杆锚具或夹具、镦头锚具或夹具的单根粗钢筋及钢丝束，也可用于钢筋束的预应力筋张拉。拉杆式千斤顶构造相对简单，操作方便，应用范围较广。YL600型千斤顶是一种常用的拉杆式千斤顶，其构造如图2-22所示。

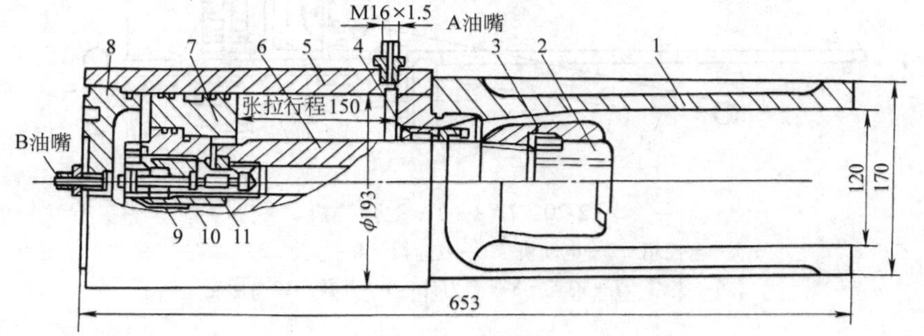

a)

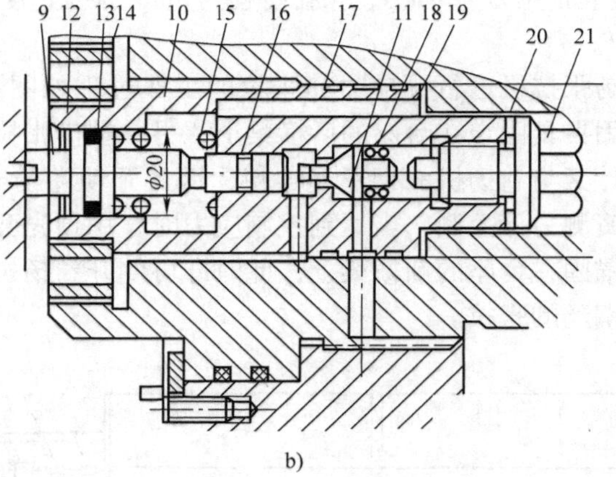

b)

图2-22　YL600型千斤顶构造

a）构造图　b）差动液压回程阀放大图

1—撑脚　2—张拉头　3—连接头　4—锡青铜衬套　5—液压缸　6—拉杆　7—球铁活塞　8—端盖　9—差动阀活塞杆　10—阀体　11—锥阀　12—弹簧挡圈　13、16、17—O形密封圈　14—圆螺母　15—回程弹簧　18—压力弹簧　19、20—铜垫片　21—螺钉

拉杆式千斤顶的工作原理是：A油嘴进油，B油嘴回油，差动阀的小活塞杆弹簧回程，锥阀关闭，A、B油腔断绝，活塞拉杆左移张拉钢筋，待钢筋张拉到设计张拉力后，拧紧螺纹端杆上的螺母，然后可采用单路进油回程（A油嘴关闭，B油嘴进油）、双路进油回程（A油嘴卸荷后与B油嘴同时进油）或带压双路进油回程（A油嘴不卸荷与B油嘴同时进油）等控制方法，使活塞拉杆右移

回复到张拉前的位置。

YL600 型千斤顶的技术性能见表 2-4。此外，同类机械还有专门生产的 YL4000 和 YL5000 型千斤顶，其张拉力分别为 4000kN 和 5000kN，主要用于大吨位张拉带镦头锚具的钢筋。

表 2-4　YL600 型千斤顶技术性能

项　目	参　数
额定油压/MPa	40
张拉缸液压面积/cm²	162.6
理论张拉力/kN	650
公称张拉力/kN	600
差动回程液压面积/cm²	38
回程油压/MPa	<10
外形尺寸	$\phi 193mm \times 677mm$
净重/kg	65
配套液压泵	ZB4—500 型电动液压泵

5. 穿心式千斤顶

穿心式千斤顶的机械代号为 YC。穿心式千斤顶是一种具有穿心孔，利用双液压缸张拉预应力筋和顶压锚具的双作用千斤顶。这种千斤顶适用性强，既适用于张拉需要顶压的锚具；如配上撑脚与拉杆等附件后，也可用于张拉螺杆锚具和镦头锚具。穿心式千斤顶根据使用功能不同已形成 YC 型、YCD 型和 YCQ 型等系列产品。表 2-5 为常用 YC 型穿心式千斤顶技术性能，其中 YC60 型和 YC20D 型千斤顶是目前我国预应力混凝土施工中应用最为广泛的张拉机械。

表 2-5　YC 型穿心式千斤顶技术性能

项　目	YC18 型	YC20D 型	YC60 型	YC120 型
额定油压/MPa	50	40	40	50
张拉缸液压面积/cm²	40.6	51	162.6	250
公称张拉力/kN	180	200	600	1200
张拉行程/mm	250	200	150	300
顶压缸活塞面积/cm²	13.5		84.2	113
顶压行程/mm	15		50	40
张拉缸回程液压面积/cm²	22		12.4	160
顶压方式	弹簧	—	弹簧	液压
穿心孔径/mm	27	31	55	70

YL3600 型千斤顶的工作原理如图 2-23 所示，工作时，A 油嘴进油，B 油嘴回油，张拉油缸带动工具锚左移张拉预应力筋。顶压锚固时，在保持张拉力稳定的条件下，B 油嘴进油，顶压活塞随即将夹片强力顶入锚环内锚固预应力筋。回程工作时，张拉缸采用液压回程，此时，A 油嘴回油，B 油嘴进油。顶压活塞回程采用弹簧回程，此时，A、B 油嘴同时回油，顶压活塞在弹簧力作用下回程复位。

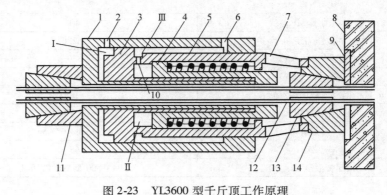

图 2-23　YL3600 型千斤顶工作原理

1—张拉油缸　2—张拉缸油嘴 A　3—顶压油缸　4—顶压活塞　5—弹簧
6—顶压缸油嘴 B　7—撑套　8—构件　9—垫板　10—油孔　11—工
具锚　12—预应力钢筋　13—夹片　14—锚环　Ⅰ—张拉工作油室
Ⅱ—顶压工作油室　Ⅲ—张拉回程油室

YC600 型千斤顶主要适用于张拉带有 JM 型锚具的钢筋束和钢绞线束，配上撑力架与拉杆后，也可张拉带有螺纹端杆锚具的粗预应力钢筋或带有镦头锚具的钢丝束。此外，在千斤顶的前后端分别装上分束顶压器和工具锚后，还可张拉带钢质锥形锚具的预应力钢丝束。

6. 锥锚式千斤顶

锥锚式千斤顶的机械代号为 YZ。锥锚式千斤顶是一种具有张拉、顶锚和退楔功能的千斤顶，主要适用于张拉带有钢质锥形锚具的φ121mm、φ18mm 和 24φᴾ5mm 钢筋束和钢丝束，常用型号有 YZ380 型、YZ600 型和 YZ850 型。

图 2-24 为锥锚式千斤顶构造及工作示意图，主缸及主缸活塞用于张拉预应力筋，主缸前端缸体上有卡环和销片，用以锚固预应力筋。主缸活塞为一中空筒状活塞，中空部分设有拉力弹簧。副缸和副缸活塞用于顶压锚塞，将预应力筋锚固在构件的端部，并有副缸压力弹簧复位。

锥锚式千斤顶工作过程分为张拉、顶压和回程三个阶段。张拉阶段，首先将预应力筋固定在锥形卡环上，然后主缸油嘴进油，则主缸向左移动张拉预应力筋；顶压阶段，张拉完成后主缸稳压，副缸进油，则副缸活塞及顶压头向右移

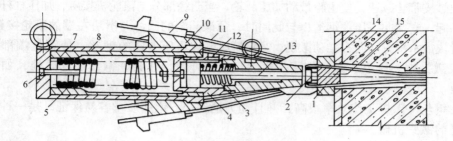

图 2-24　锥锚式千斤顶构造及工作示意图

1—锚环　2—顶压头　3—副缸压力弹簧　4—副缸　5—主缸拉力弹簧　6—主缸
油嘴　7—主缸活塞　8—主缸　9—楔块　10—锥形卡环　11—预应力筋
12—副缸油嘴　13—副缸活塞　14—构件　15—锚塞

动，将锚塞推入锚环而锚固预应力筋；回程阶段，待顶锚完成后，主、副缸同时回油，主缸及副缸活塞在弹簧力的作用下复位，最后放松工具锚的楔块即可拆下千斤顶。

四、钢筋镦头设备

钢筋镦头是指将钢筋端部制成灯笼形圆头，作为预应力筋的锚固之用。镦头设备分为冷镦机械和热镦设备两类。

1. 冷镦机械

（1）冷拔低碳钢丝镦头机　如图 2-25 所示，该机的工作原理是：由 4kW 电动

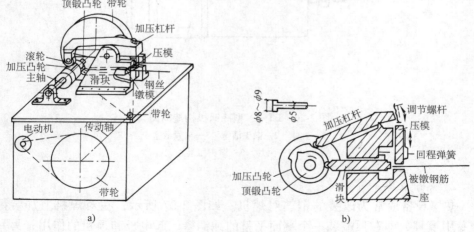

图 2-25　钢丝冷镦机构造及工作原理示意图

a）冷镦机构造　b）冷镦机工作原理

机通过皮带轮减速，使主轮带动加压凸轮，当凸缘部分与滚轮机接触，加压杠杆左端抬起，右端向下压住钢丝；与此同时，顶锻凸轮的凸缘与滑块左端的滚轮接触，使滑块沿水平方向向右推动镦模，镦模挤压已被压模卡住的钢丝，使钢丝端部冷镦成镦头帽。压模、镦模作用一次后，复位弹簧使压模、镦模回到原处，如此往复。

钢丝冷镦机工作效率很高，并且动力消耗小，镦头质量容易保证，是一种较理想的镦头机械。

短线钢模用的预应力钢丝两端均需要镦头，因此，配合钢丝冷镦机工作一般还采用转动式工作台，当钢丝一端镦头结束后，可转动工作台进行另一端镦头。

（2）碳素钢丝镦头机　碳素钢丝镦头主要采用液压冷镦机，图 2-26 所示为可镦直径为 5mm 的碳素钢丝的冷镦机（BT—A），它是由缸体、夹紧活塞、镦头活塞和夹片等组成，由于采用了蝶形弹簧、液压回程等技术，使机构体积缩小，全重仅 8kg。BT—A 型冷镦机操作灵便，每分钟可镦头 4~5 个，适用于施工现场操作，使用时需配备 40MPa 的高压液压泵。

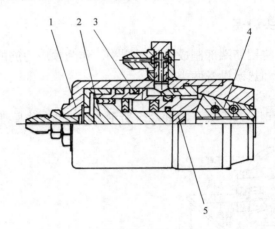

图 2-26　BT—A 型冷镦机构造简图
1—缸体　2—镦头活塞　3—夹紧活塞
4—夹片　5—镦头压模

2. 热镦设备

热镦设备通常为改装的钢筋对焊机。如图 2-27 所示，在对焊机上加装两个专用模具，即在顶端装一个端面平整的纯铜棒，起电极和顶粗的作用；另一端则是为夹钢筋用带有喇叭口的纯铜模具，目的也是起电极和形成镦头的模具作用。

热镦设备的原理是：通过对焊机电极将钢筋端部通电加热，待软化后顶压至模具中，使钢筋端部形成一个灯笼形圆头。

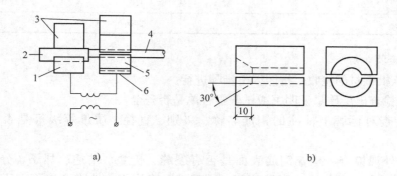

a)   b)

图2-27 电热镦头原理及模具示意图

a）电热镦头原理 b）镦粗模具

1—电极 2—紫铜棒 3—对焊机夹具 4—钢筋 5—镦粗模具 6—可调垫片

◇◇◇◇ 第三节 料具准备技能训练实例

● 训练 钢筋的进场验收

××大学1#实训楼基础工程的钢筋，由××金属材料有限公司提供，计划于2006年5月12日进场，钢筋总量见表2-6。试组织该批钢材的验收工作，提出详细的验收计划。

表2-6 ××大学1#实训楼基础工程钢筋工程量统计表

序 号	钢 号	直径/mm	数量/t	供 应 商
1	Φ	6	96	××金属材料有限公司
2	Φ	8	52	
3	Φ	12	40	
4	Φ	16	24	
5	Φ	20	135	

（续）

序　号	钢　号	直径/mm	数量/t	供 应 商
6	Φ	22	165	
7	Φ	25	240	

1. 验收步骤

对该批钢材的验收，按照以下步骤进行：

1）检查出厂质量证明书或试验报告单是否齐全。

2）查对标牌上标注的钢筋名称、级别、直径、质量等级等是否与实际相符。

3）外观检查。检查钢筋表面是否有裂缝、折叠、结疤、耳子、分层、夹杂、机械损伤、氧化铁皮和油迹等。局部不影响使用的缺陷允许不大于 0.2mm 及高出横肋。Φ6 和 Φ8 盘条必须由一整根盘成。

4）性能检查。按技术标注的规定抽取试样作力学性能试验，在每批钢筋中任选两根钢筋，每根取两个试件分别进行拉伸试验和冷弯试验。如有一项试验结果不符合规定，则从同一批中再取双倍数量的试件重作各项试验。如仍有一个试件不合格，则该批钢筋为不合格品。

2. 取样检验

（1）组批的划分　每批重量不大于 60t，并应由同一牌号、同一炉罐号、同规格、同一交货状态的钢筋组成。该批钢材的组批划分如下：Φ6，2 组；Φ8，1 组；Φ12，1 组；Φ16，1 组；Φ20，3 组；Φ22，3 组；Φ25，4 组。

（2）取样数量　每批取拉伸试件 2 根（盘条取 1 根），化学分析试件 1 根，弯曲试件 2 根。

（3）取样方法　对盘条钢筋，第一盘钢筋从端头截取 500mm 后取拉伸试件 1 根，弯曲试件 1 根；第二盘钢筋从端头截取弯曲试件 1 根，试件长度符合规定要求。

对带肋钢筋，任取 2 根钢筋，第一根从端头截去 500mm 后取拉伸试件 1 根，弯曲试件 1 根；从另一根端头截去 500mm 后取拉伸试件 1 根，弯曲试件 1 根，从另一端抽取化学试件 1 根。

（4）检验项目

1）拉伸试验：屈服点、抗拉强度、伸长率。

2）弯曲试验：弯心直径、弯曲角度。

3）化学成分试验：碳（C）、硫（S）、锰（Mn）、硅（Si）、磷（P）含量。

钢材的检验委托××专业检测实验中心完成。

3. 填写钢材进场使用报验单

报验单的格式如下：

材料、设备进场使用报验单

工程名称：_____   编号：A3.2 __ — _____

致：_____（监理单位）

　　兹报验：

　　☐ 1 材料进场使用。

　　☐ 2 构配件进场使用。

　　☐ 3 工程设备进场使用/开箱检查。

　　☐ 4

名称：_____

采购单位：_____

拟用部位：_____

附件（共_____页）：

　　☐ 清单（如名称、产地、规格、数量等）、样品。

　　☐ 出厂合格证、质保书、准用证。

　　☐ 检测报告、复试报告。

　　☐ 其他有关文件。

本次报验内容系第_____次报验，届时本项目经理部以完成自检工作且资料完整，并呈报相应资料。

承包单位项目经理部（章）：_____ 项目经理：_____ 日期：_____

项目监理机构签收人姓名及时间		承包单位签收人姓名及时间	

监理审查意见：

☐ 同意。　　☐ 不同意。

_____

_____

_____

项目监理机构（章）：_____ 专业监理工程师：_____ 日期：_____

注：1. 承包单位项目经理部应提前提出本报验单，需复试合格才能使用的，应在复试合格后签批。

　　2. 大型设备开箱检查设计单位代表应参加。

××省建设厅监制

复习思考题

1. 简述钢筋进场验收程序。

2. 钢筋原材料的验收有哪些主控项目？简述其验收标准、检验数目和检验方法。

3. 热轧圆钢盘条和热轧光圆钢筋、余热处理钢筋、热轧带肋钢筋的取样数量、取样方法和检验项目有何不同？

4. 画图表示钢筋拉伸试验的试件长度和弯曲试验的试件长度。

5. 预应力混凝土与普通混凝土相比具有哪些特点？

6. 简述钢质锥形锚具的工作原理。

7. 夹片式锚具有哪几种类型？

8. 在先张法施工中常用的张拉机械有哪些？

9. 在后张法施工中常用的张拉机械有哪些？

第 三 章

钢 筋 配 料

培训学习目标　能绘制框架结构梁、板、柱及一般楼梯等结构构件中较复杂部位的钢筋大样图，熟悉预应力和非预应力钢筋下料计算方法，能独立编制框架结构梁、板、柱及一般楼梯等结构构件的钢筋配料单。

◇◇◇ 第一节　钢筋放大样图

一、比例

图样的比例是指图形与实物相对应的线性尺寸之比。例如，1:100 表示图样上的 1cm 代表实际长度 100cm。放样操作中常用的比例有 1:1、1:5、1:10。比例越大，图样越详细、越清楚。

二、钢筋放样操作

在钢筋工程中，经常会遇到计算钢筋长度的问题。对外形比较复杂的构件，用简单的数学方法计算钢筋长度有一定的困难，在这种情况下可用放大样（按1:1 比例放样）或放小样（按 1:5、1:10 比例放样）的方法，求出构件中的配筋尺寸。

1. 弯起钢筋、斜向钢筋放样操作

弯起钢筋、斜向钢筋放样操作步骤如图 3-1 所示。

（1）弯起钢筋放样　按照选用的比例，将钢筋进行放样，对钢筋放样图逐段直接测量，就能方便地得到钢筋的长度。

图 3-2a 所示的弯起钢筋，其放大样操作步骤如下：

1）先画一根水平直线并截取长度为 300mm，在线段两端分别用量角器量出 30°和 45°角，画出斜线，如图 3-2b 所示。

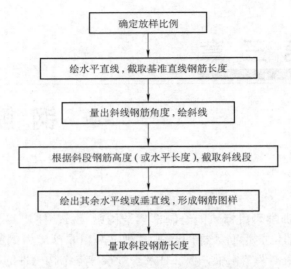

图 3-1　弯起钢筋、斜向钢筋放样操作步骤

2）以水平线为基线，沿其垂直方向，在斜线上分别截取高度 100mm 和 150mm，画出与水平线垂直的竖线，如图 3-2c 所示。

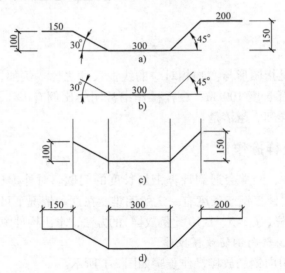

图 3-2　弯起钢筋放大样示意图

3）画竖线的垂直线（水平线），分别过两斜线上端点（即弯起钢筋的上弯点）往两边引出水平线，并在两水平线上分别量取 150mm 和 200mm，即放样完毕，如图 3-2d 所示。

4）量出斜段长度，上述大样图若是按1∶1的比例，则图中各段尺寸即为成形钢筋各段实际长度。

（2）斜向钢筋放样　斜向钢筋的放样步骤与弯起钢筋相同，通过对放样的实际测量可直接得到斜向钢筋斜段的长度。

例如，图3-3所示为设有斜向钢筋的变截面悬臂梁配筋图，图中 a_1、a_0、C_0、h_0'、h_0、θ、α 等在一般设计图样中都有标注，或是可以根据相关的数据计算出来。以①号斜向钢筋为例，其放大样操作步骤如下：

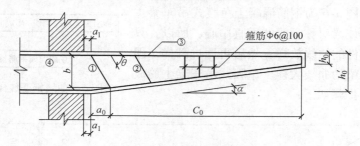

图3-3　变截面悬臂梁配筋图

1）画出上直段水平位置线段，按比例确定上弯点的位置，然后用量角器找出弯折角度 θ，并从上弯点沿 θ 方向引出斜线。

2）过上弯点作水平位置线段的垂线 b，以垂线 b 为起点沿水平方向量出 a_0 与斜线相交，交点即为下弯点，如图3-4a所示。

3）从下弯点向右引出水平线，并以下弯点为圆心，以水平线为始边，用量角器量出 α 角度，找出斜向钢筋位置方向。

4）以下弯点为起点，沿水平线截取 C_0 长度，并过截点作水平的垂线与斜向钢筋位置方向相交，即得到斜向钢筋的端点，如图3-4b所示，从而完成①号斜向钢筋的放大样。

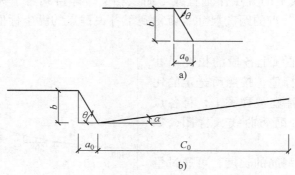

图3-4　悬臂梁①号斜向钢筋放大样图

2. 曲线钢筋放样操作

曲线钢筋放样时，可根据构件的标注尺寸或是利用给出的构件曲线方程计算出一组关键点，将构件外形进行放大样或放小样，再在其中进行曲线钢筋放样，然后将曲线钢筋分成尽可能的小段，逐段量取相加即可得到钢筋长度。

曲线钢筋放样操作步骤如图3-5所示。

例如，图3-6为钢筋混凝土鱼腹式吊车梁主筋图，因为该梁对称于梁的垂直中心，所以，只需作一半构件的曲线放样，然后再通过翻样，即可得到整根梁的曲线大样。鱼腹式吊车梁主筋放大样的操作步骤如下：

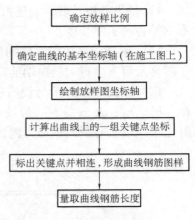

图3-5 曲线钢筋放样操作步骤

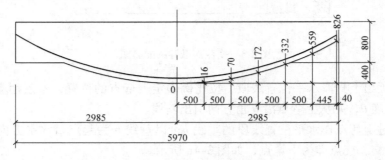

图3-6 鱼腹式吊车梁主筋图

1）以构件曲线与垂直中心线的交点为坐标原点，过该点画一水平线即为横坐标，以坐标原点为起点沿水平方向将吊梁分为6段，并在水平上准确标出分点。

2）过水平线上的分点作垂直线与曲线相交，即得到若干关键点。量出关键点与水平线上分点的距离尺寸，就得到了各关键点的纵坐标值，把它标在相应的位置处。

3）根据水平线上各段的长度尺寸和关键点的纵坐标值，按照所选定的比例，将关键点标注在放样图上，将各点连线即得到受力钢筋曲线大样图，如图3-7所示。

曲线形受力钢筋的长度，可通过量取大样图中各关键点间的距离并累加求

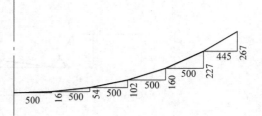

图3-7 曲线形式的受力钢筋大样图

和得到。也可将关键点纵坐标值依次相减，算出若干个直角三角形两条直角边的长度尺寸，再根据勾股定理算出三角形斜边长度并累加求和得到。

三、绘制钢筋放大样图的基本要求

1. 符合建筑制图标准

钢筋大样图本身就是建筑结构施工图的具体实施图。大样图所表示的图线、符号以及它们的表示方法都应符合《建筑制图标准》和《建筑结构制图标准》中的各项规定，大样图的绘制要做到规范、清楚、完整。

2. 准确反映原设计的设计意图

收到设计图样后，应首先熟悉图样，全面正确理解设计意图。只有做到理解正确，才能有条件在大样图中准确无误地反映原设计意图。

3. 钢筋放样应按一定的顺序，避免漏配、错配

钢筋加工前，应按不同的构件进行放样，然后备料加工。为使放样工作方便、顺利，且不漏配、错配钢筋，放样应按一定的顺序进行。

就一栋建筑物整体而言，可分为基础、柱、板、次梁、主梁等构件。在把握住构件无漏项的条件下，再将构件的各种配筋计数完全，这样就容易做到无钢筋漏配。

◇◇◇◇ 第二节 钢筋配料单

一、钢筋配料单的概念

钢筋配料单是根据施工图样中钢筋的品种、规格及外形尺寸、数量进行编号，并计算下料长度，用表格形式表达的单据。

钢筋配料单是钢筋配料、加工的技术文件，是确定钢筋下料加工的依据，是提出材料计划、签发任务单和限额领料单的依据。钢筋配料单不仅指导钢筋配料加工，决定加工后的钢筋在数量上、质量上满足钢筋安装、绑扎的技术要求，而且在施工现场又与钢筋大样图（或施工图）一起指导钢筋的安装绑扎，同时配料单又是工料计算的依据。合理的配料单，能节约材料，简化施工操作，一份好的钢筋配料单对整个工程的意义是非常重大的。

二、编制钢筋配料单的准备

1. 研读施工图

研读施工图应做到熟悉了解、审查核对、妥善处理。

熟悉了解施工图，应了解所属工程概况，熟悉本工程中钢筋混凝土构件的品名、数量、配筋特点、标高、位置、相近构件的差异、构件的工艺要求，了解本工种与有关的模板、脚手架、结构吊装、安装、管道等工种的联系。

审查核对施工图中钢筋的表示是否清楚，核对钢筋表与构件中配筋的数量、规格、式样是否一致，核对构件的数量，审核结构图、建筑图中钢筋混凝土构件是否一致，核实构件的标高位置，构件之间是否相互影响等。

妥善处理图样上存在的问题，问题的性质不同，处理的方法也不同。图样中属于设计者笔误的，如构件的数量不符等，在结构布置平面图中很容易被核实清楚。不同施工图中钢筋数量、编号不一致，可进一步核对明确。配料单的编制者应根据结构施工规范进一步明确，有不明之处可请示技术人员解答。其他图样上的问题，编制者通常不应自作主张作出决定，必须在图样会审会上提出，由设计者作进一步明确，或请示工程技术负责人作技术澄清，并附书面文字依据。

对于图样上明确，但由于施工条件限制而不能完全按图施工的，可采用其他变通方法，如钢筋品种、规格不能满足原设计要求等，可作钢筋代换，并以联系单的形式，书面报告给有关人员。

2. 了解材料准备情况

要了解钢筋库存情况和钢筋材料进货情况，了解库存钢筋的数量、规格、等级是否能满足施工进度要求，是否因钢材供应而影响钢筋加工的问题，事先做到心中有数。了解是否需要进行钢筋代换，若有应尽早作好技术准备。

3. 调查施工条件、施工进度

钢筋配料不仅应符合施工规范、施工图样的要求，还应切实符合施工条件、施工现场的状况，这样才能保证能顺利地组织配料钢筋的现场安装、绑扎工作。要熟知钢筋加工条件、焊接设备、粗钢筋弯曲设备、预应力张拉设备等直接影响钢筋加工、绑扎安装的工艺，根据工艺要求不同来编制相应的钢筋配料单。场地大小、安装施工条件、水平运输条件、垂直运输条件等直接影响配料钢筋的长度，也应在钢筋配料单中反映出来。配料单与施工进度有着密切的关系，配料单下达的配料任务要正好满足施工进度的要求。所谓正好就是能满足施工进度又不能提前很多，以免弯曲成形后的钢筋堆放在施工现场长期不用，发生变形或因锈蚀而影响质量。

三、编制钢筋配料单

1. 配料单编制步骤

1）熟悉图样，识读构件配筋图，弄清每一编号钢筋的品种、规格、形状和数量，以及在构件中的位置和相互关系。

2）熟悉有关国家规范对钢筋混凝土构件的一般规定（如混凝土保护层、钢筋的接头及钢筋弯钩等）。

3）绘制钢筋简图。

4）计算每种编号钢筋的下料长度。

5）计算每种编号钢筋的需要数量。

6）填写钢筋配料单。

7）填写钢筋料牌。

2. 钢筋配料单的形式

钢筋配料单一般由构件名称、钢筋编号、钢筋简图、尺寸、钢号、数量、下料长度及重量等组成（见表3-1）。

表3-1 钢筋配料单

构件名称	钢筋编号	简　图	直径/mm	钢筋种类	下料长度/m	根数	合计根数	重量/kg
某教学楼梁L1（共5根）	1	5950	18	Φ	6.175	2	10	123
	2	5950	10	Φ	6.075	2	10	37.5
	3	375 564 4400	18	Φ	6.467	1	5	64.7
	4	875 564 3400	18	Φ	6.467	1	5	64.7
	5	400 150	6	Φ	1.2	31	155	41.3
备　注		合计Φ6 = 41.3kg，Φ10 = 37.5kg，Φ18 = 252.4kg						

按钢筋的编号、形状和规格计算下料长度并计算出每一编号钢筋的总长度，然后再汇总各种规格的总长度，算出其重量。当需要成形钢筋很长，还需配有接头时，应根据原材料供应情况和接头形式要求，来考虑钢筋接头的布置，其下料计算时要加上接头的长度。

3. 钢筋料牌

在钢筋施工过程中仅有钢筋配料单还不能作为钢筋加工与绑扎的依据，还要将每一编号的钢筋制作一块料牌。料牌可用100mm×70mm的薄木板、（竹片）或纤维板等制成。料牌随着加工工艺流程传送，最后系在加工好的钢筋上作为标志，因此料牌必须严格校核，准确无误，以免返工浪费。钢筋料牌的形式如图3-8所示。

图3-8　钢筋料牌

◆◆◆◆ 第三节　钢筋下料长度计算

一、混凝土结构设计规范的有关规定

1. 混凝土结构的环境类别

在钢筋的配料计算中，不仅需要了解构件的混凝土保护层厚度，还需要了解结构所处环境的类别。

《混凝土结构设计》（GB 50010—2010）中规定，结构物所处环境分为五个类别，见表3-2。

表3-2　混凝土结构的环境类别

环 境 类 别		条　　件
一		室内正常环境
二	a	室内潮湿环境；非严寒和非寒冷地区的露天环境、与无侵蚀性的水或土壤直接接触的环境
	b	严寒和寒冷地区的露天环境、与无侵蚀性的水或土壤直接接触的环境
三	a	受除冰盐影响的环境；严寒和寒冷地区冬季水位变动的环境；海风环境
	b	盐渍土环境；受除冰盐作用的环境；海岸环境
四		海水环境
五		受人为或自然的侵蚀性物质影响的环境

2. 混凝土保护层厚度

混凝土保护层厚度是指在钢筋混凝土构件中，钢筋外边缘到构件边端之间的距离。混凝土保护层的作用是构件在设计基准期内，保护钢筋不受外部自然环境的影响而受侵蚀，保证钢筋与混凝土良好的工作性能。混凝土保护层厚度根据构件的构造、用途及周围环境等因素确定，施工中没有注明时应按《混凝土结构设计规范》（GB 50010—2010）中规定的混凝土最小厚度执行。

混凝土保护层的最小厚度取决于构件的耐久性和受力钢筋粘接锚固性能的要求。

1）钢筋粘接锚固长度对混凝土保护层厚度提出的要求是为了保证钢筋与其周围混凝土能共同工作，并使钢筋充分发挥计算所需的强度。

2）根据耐久性要求的混凝土保护层最小厚度，是按照构件在 50 年内能保护钢筋不发生危及结构安全的锈蚀确定的。

3）保护层厚度并不是越大越好，保护层过大会减少构件有效高度，从而降低构件的承载能力，导致质量事故。

4）钢筋混凝土梁、柱的保护层往往以控制纵向受力的保护层为主，箍筋保护层厚度应为钢筋保护层厚度减少一个箍筋的直径。

纵向受力钢筋的混凝土保护层最小厚度不得少于钢筋的公称直径，且应符合表 3-3 的规定。

板、墙、壳中分布钢筋的保护层厚度不应小于表 3-3 中相应数值减 10mm，且不小于 10mm，梁、柱中箍筋和构造钢筋的保护层厚度不应小于 15mm。

表 3-3　纵向受力钢筋的混凝土最小保护层厚度　　　　（单位：mm）

环境类别		板、墙、壳		梁、柱、杆	
		≤C25	C25 ~ C80	≤C25	C25 ~ C80
一		20	15	25	20
二	a	25	20	30	25
	b	30	25	40	35
三	a	35	30	45	40
	b	45	40	55	50

注：基础中纵向受力钢筋的混凝土保护层厚度不应小于 40mm，当无垫层时不应小于 70mm。

处于一类环境且由工厂生产的预制构件，当混凝土强度等级不低于 C20 时，其保护层厚度可按表 3-3 中的数值减少 5mm；处于二类环境且由工厂生产的预制构件，当表面采取有效保护措施时，保护层厚度可按表 3-3 中一类环境数值取用。预制钢筋混凝土受弯构件，钢筋端头的保护层厚度不应小于 10mm；预制肋形板主肋钢筋的保护层厚度应按梁的数值取用。

当梁、柱中纵向受力钢筋的混凝土保护层厚度大于 40mm 时，应对保护层采取有效的防裂构造措施。处于二、三类环境中的悬臂板，其上面应采取有效的保护措施。

一类环境中，设计使用年限为 100 年的结构，混凝土保护层厚度应按表 3-3 中的数值增加 40%；当采取有效的表面防护措施时，混凝土保护层厚度可适当减少。

三类环境中的结构构件，其受力钢筋宜采用环氧树脂涂层带肋钢筋。

对有防火要求的建筑物，其混凝土保护层厚度尚应符合国家现行有关标准的要求。

处于四、五类环境中的建筑物，其混凝土保护层厚度尚应符合国家现行有关标准的要求。

3. 钢筋锚固长度

钢筋混凝土结构中，两种性能不同的材料能够共同受力是由于它们之间存在着粘接锚固作用，这种作用使接触界面两边的钢筋与混凝土之间能够实现应力传递，从而在钢筋与混凝土中建立起结构承载所必须的工作应力。

钢筋在混凝土中的粘接锚固作用有：胶结力——接触面上的化学吸附作用，但其影响不大；摩阻力——与接触面的粗糙程度及侧压力有关，随滑移的发展其作用逐渐减小；咬合力——带肋钢筋对肋前混凝土挤压而产生的，为带肋钢筋锚固力的主要来源；机械锚固力——弯钩、弯折及附加锚固等措施（如焊锚板、贴焊钢筋等）提供的锚固作用。

钢筋基本锚固长度，取决于钢筋强度及混凝土抗拉强度，并与钢筋外形有关。《混凝土结构设计规范》（GB 50010—2010）给出了受拉钢筋锚固长度 l_a 的计算公式

$$l_a = \alpha \frac{f_y}{f_t} d \tag{3-1}$$

式中　f_y——普通钢筋的抗拉强度设计值（MPa）；

f_t——混凝土轴心抗拉强度设计值（MPa），C40 以上，按 C40 取；

α——钢筋外形系数，光面钢筋为 0.16，带肋钢筋为 0.14，螺旋肋钢丝为 0.13；

d——钢筋的公称直径（mm）。

式（3-1）应用时，应将计算所得的基本锚固长度乘以对应于不同锚固条件的修正系数。

1）当计算中充分利用钢筋的抗拉强度时，受拉区的锚固长度按式（3-1）计算，但不应小于表3-4规定的数值。

当符合下列条件时，表3-4中的锚固长度应进行修正。

① 当 HRB335、HRB400 和 RRB400 级钢筋的直径大于 25mm 时，其锚固长度应乘以修正系数 1.1。

② HRB335、HRB400 和 RRB400 级环氧树脂涂层钢筋的锚固长度，应乘以修正系数 1.25。

③ 当钢筋在混凝土施工过程中易受扰动（如滑模施工）时，其锚固长度应

乘以修正系数 1. 1。

④ 当 HRB335、HRB400 和 RRB400 级钢筋在锚固区的混凝土保护层厚度大于钢筋直径的 3 倍且配有箍筋时，其锚固长度可乘以修正系数 0. 8。

表 3-4　纵向受拉钢筋的最小锚固长度

钢 筋 类 别	混凝土强度等级			
	C15	C20 ~ C25	C30 ~ C35	≥C40
HPR235 级	$40d$	$30d$	$25d$	$20d$
HRB335 级	$50d$	$40d$	$30d$	$25d$
HRB400 与 RRB400 级	—	$45d$	$35d$	$30d$

注：1. 圆钢筋末端应做 180°弯钩，弯后平直段长度不应小于 $3d$。
　　2. 在任何情况下，纵向受拉钢筋的锚固长度都不应小于 $25d$。
　　3. d 为钢筋公称直径。

2）当计算充分利用纵向钢筋的抗压强度时，其锚固长度不应小于表 3-4 所列的受拉钢筋锚固长度的 0. 7 倍。

3）当 HRB335、HRB400 和 RRB400 级纵向受拉钢筋末端采用机械锚固措施时，包括附加锚固端头在内的锚固长度可取表 3-4 所列锚固长度的 0. 7 倍。
机械锚固的形式和构造要求如图 3-9 所示。

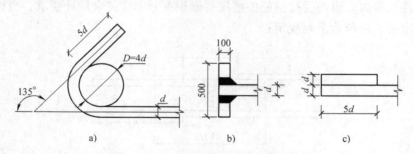

图 3-9　钢筋机械锚固的形式和构造
a）末端带 135°弯钩　b）末端与钢板穿孔塞焊　c）末端与短钢筋双面贴焊

采用机械锚固措施时，锚固长度范围内的箍筋不应少于 3 个，其直径不应小于纵向钢筋直径的 0. 25 倍，其间距不应大于纵向钢筋直径的 5 倍。当纵向钢筋的混凝土保护层厚度不小于钢筋公称直径的 5 倍时，可不配置上述钢筋。

4）对承受重复荷载的预制构件，应将纵向受拉钢筋的末端焊接在钢板或角钢上。钢板或角钢应可靠地锚固在混凝土中，其尺寸应按计算确定，厚度不宜小于 10mm。

4. 钢筋的连接

当钢筋原材料不够长或为制作、运输、安装方便而将原长的钢筋分为若干段时，就有了钢筋连接的问题。钢筋连接方式，可分为绑扎搭接、焊接、机械连接等。

（1）钢筋连接的原则　由于钢筋通过连接接头传力的性能总不如整根钢筋，因此设置钢筋连接的原则为：钢筋接头宜设置在受力较小处，同一根钢筋上宜少设接头，同一构件中的纵向受力钢筋接头宜相互错开，并符合下列规定：

1）直径大于12mm的钢筋，应优先采用焊接接头或机械连接接头。

2）当受拉钢筋的直径大于28mm及受压钢筋的直径大于32mm时，不宜采用绑扎搭接接头。

3）轴心受拉及小偏心受拉杆件（如桁架和拱的拉杆）的纵向受力钢筋不得采用绑扎搭接接头。

4）直接承受动力荷载的结构构件，其纵向受拉钢筋不得采用绑扎搭接接头。

（2）接头面积允许百分率　同一连接区段内，纵向钢筋搭接接头面积百分率为该区段内有搭接接头的纵向受力钢筋截面面积与全部纵向受力钢筋截面面积的比值。

1）钢筋绑扎搭接接头连接区段的长度为$1.3l_1$（l_1为搭接长度），凡搭接接头中点位于该连接区段长度内的搭接接头均属于同一连接区段，如图3-10所示。同一连接区段内，纵向受拉钢筋搭接接头面积百分率应符合设计要求；当设计无具体要求时，应符合下列规定：

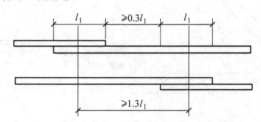

图3-10　同一连接区段内的纵向受拉钢筋绑扎搭接接头

① 对梁、板类及墙类构件，不宜大于25%。

② 对柱类构件，不宜大于50%。

③ 当工程中确有必要增大接头面积百分率时，对梁类构件不应大于50%；对其他构件，可根据实际情况放宽。

④ 纵向受拉钢筋搭接接头面积百分率不宜大于50%。

2）钢筋机械连接与焊接接头连接区段的长度为$35d$（d为纵向受力钢筋的较大直径），且不小于500mm。同一连接区段内，纵向受力钢筋的接头面积百分率应符合设计要求；当设计无具体要求时，应符合下列规定：

① 受拉区不宜大于50%；受压区不受限制。

② 接头不宜设置在有抗震设防要求的框架梁端、柱端的箍筋加密区；当无法避开时，对等强度高质量机械连接接头，不应大于50%。

③ 直接承受动力荷载的结构构件中，不宜采用焊接接头；当采用机械连接接头时，不应大于50%。

（3）绑扎接头搭接长度

1）纵向受拉钢筋绑扎搭接接头的搭接长度应根据位于同一连接区段内的钢筋搭接接头面积百分率按公式（3-2）计算

$$l_1 = \zeta l_a \qquad\qquad (3-2)$$

式中 l_a——纵向受拉钢筋的锚固长度（mm），按表3-4确定；

ζ——纵向受拉钢筋搭接长度修正系数，按表3-5取用。

表3-5 纵向受拉钢筋搭接长度修正系数

纵向钢筋搭接接头面积百分率(%)	≤25	50	100
ζ	1.2	1.4	1.6

2）构件中的纵向受压钢筋，当采用搭接连接时，其受压搭接长度不应小于纵向受拉钢筋搭接长度的0.7倍，且在任何情况下都不应小于200mm。

3）在梁、柱类构件的纵向受力钢筋搭接长度范围内，应按设计要求配置箍筋。当设计无具体要求时，应符合下列规定：

① 箍筋直径不应小于搭接钢筋较大直径的0.25倍。

② 受拉搭接区段的箍筋间距不应大于搭接钢筋较小直径的5倍，且不应大于100mm。

③ 受压搭接区段的箍筋间距不应大于搭接钢筋较小直径的10倍，且不应大于200mm。

④ 当柱中纵向受力钢筋直径大于25mm时，应在搭接接头两端外100mm范围内各设置两个箍筋，其间距宜为50mm。

二、非预应力钢筋下料长度计算

构件中的钢筋，因弯曲会使长度发生变化，所以配料时不能根据配筋图尺寸直接下料，必须根据各种构件的混凝土保护层和钢筋弯曲、搭接、弯钩等规定，结合所掌握的一些计算方法，再根据图中尺寸计算出下料长度。

1. 常用钢筋下料长度计算公式

1）直钢筋下料长度＝构件长度－保护层厚度＋弯钩增加长度。

2）弯起钢筋下料长度＝直段长度＋斜段长度＋弯钩增加长度－弯曲调整值。

3）箍筋下料长度＝直段长度＋弯钩增加长度－弯曲调整值。

4）其他类型钢筋下料长度。曲线钢筋（环形钢筋、螺旋箍筋、抛物线钢筋等）下料长度的计算公式为：下料长度＝钢筋长度计算值＋弯钩增加长度。

上述钢筋需要搭接的话，还应加上钢筋搭接长度。

2. 弯钩增加长度计算

钢筋的弯钩通常有三种形式，即半圆弯钩、直弯钩和斜弯钩。半圆弯钩是常用的一种弯钩，斜弯钩仅用在 $\phi12mm$ 以下的受拉主筋和箍筋中。

钢筋弯钩增加长度，按图3-11a～c所示的计算简图（弯心直径为 $2.5d$、平直部分长度为 $3d$）计算，其计算值为：半圆弯钩为 $6.25d$，直弯钩为 $3.5d$，斜弯钩为 $4.9d$。计算公式如下：

1）半圆弯钩增加长度：$3d_0 + 3.5d_0\pi/2 - 2.25d_0 = 6.25d_0$

2）直钩弯钩增加长度：$3d_0 + 3.5d_0\pi/4 - 2.25d_0 = 3.5d_0$

3）斜弯弯钩增加长度：$3d_0 + 1.5 \times 3.5d_0\pi/4 - 2.25d_0 = 4.9d_0$

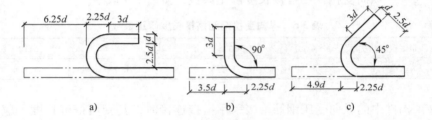

图 3-11　钢筋弯钩计算简图
a）半圆弯钩　b）直弯钩　c）斜弯钩

在生产实践中，由于实际弯心直径与理论弯心直径有时不一致，钢筋粗细和机具条件不同等会影响平直部分的长短（手工弯钩时平直部分可适当加长，机械弯钩时可适当缩短），因此在实际配料计算时，对弯钩增加长度常根据具体条件，采用经验数据，见表3-6。

表 3-6　半圆弯钩增加长度参考表（用机械弯）

钢筋直径 /mm	≤6	8 ~ 10	12 ~ 18	20 ~ 28	32 ~ 36
一个弯钩	40mm	6d	5.5d	5d	4.5d

3. 弯曲调整值

弯曲钢筋时，里侧缩短，外侧伸长，轴线长度不变，因弯曲处形成圆弧，而量尺寸又是沿直线量外包尺寸，如图3-12所示，因此弯曲钢筋的量度尺寸大于下料尺寸，两者之间的差值，叫弯曲调整值。钢筋弯曲调整值见表3-7。

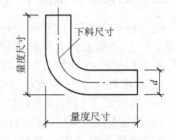

图 3-12　钢筋弯曲时的量度方法

表 3-7　钢筋弯曲调整值

钢筋弯曲角度	30°	45°	60°	90°	135°
钢筋弯曲调整值	0.35d	0.5d	0.85d	2d	2.5d

4. 弯起钢筋斜长

斜长计算如图 3-13a ~ c 所示，斜长系数见表 3-8。

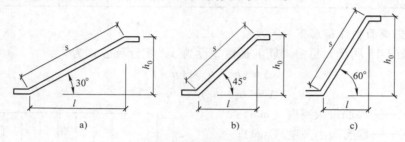

图 3-13　弯起钢筋斜长计算图

a）弯起角度 30°　b）弯起角度 45°　c）弯起角度 60°

表 3-8　弯起钢筋斜长计算系数表

弯起角度 α	30°	45°	60°
斜边长度 s	$2h_0$	$1.414h_0$	$1.155h_0$
底边长度 l	$1.732h_0$	h_0	$0.575h_0$
增加长度 （$s-l$）	$0.268h_0$	$0.41h_0$	$0.585h_0$

注：h_0 为弯起高度。

5. 箍筋调整值

箍筋调整值是弯钩增加长度和弯曲调整值之和或差，根据箍筋外包尺寸或内皮尺寸而定，箍筋量度方法如图 3-14 所示。箍筋调整值见表 3-9。

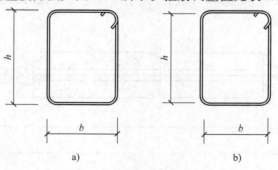

图 3-14　箍筋量度方法

a）量外包尺寸　b）量内皮尺寸

表 3-9　箍筋调整值　　　　　　　　　　　　　（单位：mm）

箍筋量度方法	箍 筋 直 径			
	4 ~ 5	6	8	10 ~ 12
量外包尺寸	40	50	60	70
量内皮尺寸	80	100	120	150 ~ 170

6. 变截面构件箍筋下料长度

如图 3-15 所示，每根钢筋的长短差设为 Δ，则计算公式为

$$\Delta = (h_a - h_c)/(n - 1) \tag{3-3}$$

或
$$\Delta = (h_a - h_c)/(l/a + 1) \tag{3-4}$$

式中　h_a——箍筋最大高度（mm）；

　　　h_c——箍筋最小高度（mm）；

　　　l——物件全长（mm）；

　　　n——箍筋个数，$n = s/a + 1$，s 为最高箍筋与最低箍筋之间的总距离（mm）；

　　　a——箍筋间距（mm）。

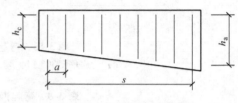

图 3-15　变截面构件箍筋

三、预应力钢筋下料长度计算

预应力钢筋下料长度应由计算确定，计算时，应考虑下列因素：构件孔道长度或台座长度、千斤顶工作长度（算至夹挂预应力钢筋部位）、镦头预留量、预应筋外露长度等。

1. 钢丝束下料长度

（1）采用钢质锥形锚具　以锥锚式千斤顶进行张拉时，钢丝的下料长度 L 按图 3-16 所示计算。

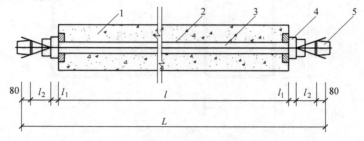

图 3-16　采用钢质锥形锚具时钢丝下料长度计算图

1—混凝土构件　2—孔道　3—钢丝束　4—钢质锥形锚具　5—锥锚式千斤顶

1）两端张拉

$$L = l + 2(l_1 + l_2 + 80) \tag{3-5}$$

2）一端张拉

$$L = l + 2(l_1 + 80) + l_2 \tag{3-6}$$

（2）采用镦头锚具　以拉杆式穿心千斤顶进行张拉时，钢丝的下料长度 L 计算如图 3-17 所示，应注意钢丝束张拉锚固后螺母位于锚杯中部。

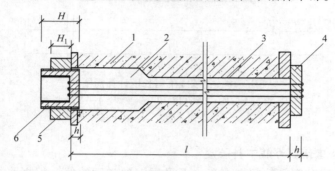

图 3-17　采用镦头锚具时钢丝下料长度计算图
1—混凝土构件　2—孔道　3—钢丝束　4—锚板　5—螺母　6—锚杯

$$L = l + 2(h + \delta) - K(H - H_1) - \Delta L - C \tag{3-7}$$

式中　l——构件的孔道长度（mm），按实际丈量；

h——锚杯底部厚度或锚板厚度（mm）；

δ——钢丝镦头预留量，一般取 10mm；

K——系数，一端张拉取 0.5，两端张拉取 1.0；

H——锚杯高度（mm）；

H_1——螺母高度（mm）；

ΔL——钢丝束拉张伸长值（mm）；

C——张拉时构件混凝土的弹性压缩值（mm）。

2. 钢绞线下料长度

采用夹片锚具，以穿心千斤顶进行张拉时，钢绞线束的下料长度 L 按图 3-18 所示计算。

1）一端张拉

$$L = l + 2(l_1 + l_2 + l_3 + 100) \tag{3-8}$$

2）两端张拉

$$L = l + 2(l_1 + 100) + l_2 + l_3 \tag{3-9}$$

式中　l——构件孔道长度（mm）；

l_1——夹片式工作锚厚度（mm）；

l_2——穿心式千斤顶长度（mm）；

l_3——夹片式工具锚厚度（mm）。

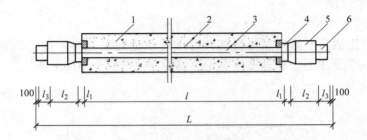

图 3-18 钢绞线下料长度计算简图

1—混凝土构件 2—孔道 3—钢绞线 4—夹片式

工作锚 5—穿心式千斤顶 6—夹片式工具锚

3. 长线台座预应力筋下料长度

先张法长线台座上的预应力筋，可采用钢丝和钢绞线，根据张拉装置不同，可采用单根张拉方式与整体张拉方式。预应力筋下料长度 L 按图 3-19 所示及式 (3-10) 计算。

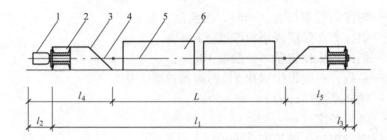

图 3-19 长线台座预应力筋下料长度计算简图

1—张拉装置 2—钢横梁 3—台座 4—工具式拉杆

5—预应力筋 6—待浇混凝土构件

$$L = l_1 + l_2 + l_3 - l_4 - l_5 \tag{3-10}$$

式中 l_1——长线台座长度（mm）；

l_2——张拉装置长度（mm），含外露预应力筋长度；

l_3——固定装置长度（mm）；

l_4——张拉端工具式拉杆长度（mm）；

l_5——固定端工具式拉杆长度（mm）。

◆◆◆◆ 第四节 钢 筋 代 换

在施工过程中，由于钢筋供应不及时，其级别、种类和直径不能满足设计要求时，为确保施工质量和进度，往往提出钢筋变更代换的问题。

一、钢筋代换原则

当施工中遇有钢筋的品种和规格与设计要求不符时，可参照以下原则进行钢筋代换：

（1）等强度代换 当构件受强度控制时，钢筋可按强度相等原则进行代换。

（2）等面积代换 当构件按最小配筋率配筋时，钢筋可按面积相等原则进行代换。

当构件受裂缝宽度或挠度控制时，钢筋代换后应进行裂缝宽度或挠度验算。

二、钢筋代换注意事项

1）钢筋代换时，必须充分了解设计意图和代换钢筋的性能，并严格遵守现行混凝土结构设计规范的各项规定，且代换钢筋应经设计单位同意，并办理变更手续后方能进行。

2）钢筋代换时，要充分了解设计意图和代换材料的性能，按设计规范和各规定经计算后提出。

3）对吊车梁、屋架下弦等抗裂性要求高的构件，不宜用 HPB235 级光圆钢筋代替 HRB335 级、HRB400 级变形钢筋，以免裂缝开展过宽。

4）梁的纵向受力钢筋与弯起钢筋应分别进行代换。

5）偏心受压构件或偏心受拉构件作钢筋代换时，不按整个截面配筋量计算，应按受力面（受拉或受压）分别进行代换。钢筋代换后，应满足混凝土结构设计规范中对钢筋间距、钢筋根数、锚固长度、最小钢筋直径等的要求。

6）有抗震要求的框架，不宜以强度等级较高的钢筋代替原设计中的钢筋；若必须代换时，其代换的钢筋检验所得的实际强度值，应符合钢筋的抗拉强度实测值与屈服强度实测值的比值不小于 1.25 的规定，钢筋的屈服强度实测值与钢筋的强度标准值的比值，当按一级抗震设计时不应小于 1.25，当按二级抗震设计时不应大于 1.4。

7）同一截面内，可同时配有不同种类和不同直径的钢筋，但每根钢筋的拉力差不应过大（如同一品种的钢筋直径差值一般不大于 5mm），以免构件受力不均。

8）当构件受裂缝宽度控制时，若以小直径钢筋代换大直径钢筋，强度等级低的钢筋代替强度等级高的钢筋，则可不作裂缝宽度验算。

三、构件截面的有效高度影响

钢筋代换后，有时由于受力钢筋直径加大或根数增多而需要增加排数，此时构件截面的有效高度 h_0 减小，截面强度降低。通常对这种影响可凭经验适当增加钢筋面积，然后再作截面强度复核。

四、钢筋代换方法

1. 计算法

计算公式为

$$n_2 \geqslant (n_1 d_1^2 f_{y1}) / d_2^2 f_{y2} \tag{3-11}$$

式中　n_2——代换钢筋根数；

　　　n_1——原设计钢筋根数；

　　　d_2——代换钢筋直径（mm）；

　　　d_1——原设计钢筋直径（mm）；

　　　f_{y2}——代换钢筋抗拉强度设计值（MPa），见表3-10；

　　　f_{y1}——原设计钢筋抗拉强度设计值（MPa）。

上式中有两种特例：

1）设计强度相同、直径不同的钢筋代换

$$n_2 \geqslant n_1 d_1^2 / d_2^2$$

2）直径相同、强度设计值不同的钢筋代换

$$n_2 \geqslant n_1 f_{y1} / f_{y2}$$

表 3-10　钢筋强度设计值　　　　　　　（单位：MPa）

钢筋牌号	抗拉强度设计值 f_y	抗压强度设计值 f_y'
HPB300	270	270
HRB335 HRBF335	300	300
HRB400 HRBF400 RRB400	360	360
HRB500 HRBF500	435	410

2. 查表法

查表法是利用已知规格和根数的钢筋抗力值对原设计和拟代换的钢筋进行对比，从而确定可代换的钢筋的规格和根数。

◇◇◇ 第五节　钢筋配料技能训练实例

● 训练1　编制钢筋配料单

图 3-20 所示是某钢筋混凝土简支梁的配筋图，试编制其钢筋配料单。

1）仔细阅读配筋图。

2）根据配筋图，绘制①～⑤号钢筋大样图，如图 3-21～图 3-25 所示。

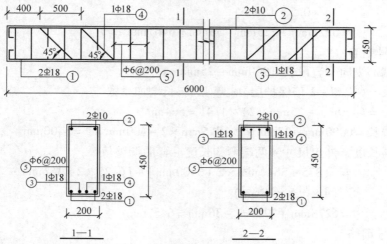

图 3-20　某钢筋混凝土简支梁的配筋图

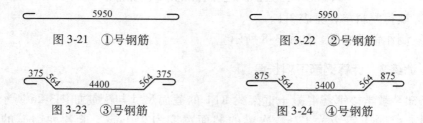

图 3-21　①号钢筋　　　　　　　　　图 3-22　②号钢筋

图 3-23　③号钢筋　　　　　　　　　图 3-24　④号钢筋

3）计算钢筋下料长度：

① 号钢筋

下料长度 = 构件长 − 两端保护层 + 两端弯钩长度

$$= 6000\text{mm} - 25\text{mm} \times 2 + 6.25 \times 18\text{mm} \times 2$$

$$= 6175\text{mm}$$

② 号钢筋

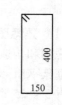

图 3-25　⑤号钢筋

下料长度 = 构件长 − 两端保护层 + 两端弯钩长度

$\quad$ = 6000mm − 25mm × 2 + 6.25 × 10mm × 2 = 6075mm

③ 号钢筋

其端部纵向平直段长 = 400mm − 25mm = 375mm

斜长 = （梁高 − 2 倍保护层）× 弯45°斜长增加系数

$\quad$ = （450mm − 25mm × 2）× 1.41 = 564mm

直线长 = 6000mm − 25mm × 2 − 375mm × 2 − 400mm × 2 = 4400mm

下料长度 = 外包尺寸 + 两端弯钩长度 − 弯曲调整值

$\quad$ = [（375 + 564）mm × 2 + 4400mm] + （6.25 × 2 × 18mm） −

$\qquad$ （4 × 0.5 × 18mm）

$\quad$ = 6278mm + 225mm − 36mm = 6467mm

④ 号钢筋

其端部纵向平直段长 = 900mm − 25mm = 875mm

斜长 = （梁高 − 2 倍保护层）× 弯45°斜长增加系数

$\quad$ = （450mm − 25mm × 2）× 1.41 = 564mm

直线长 = 6000mm − 25mm × 2 − 875mm × 2 − 400mm × 2 = 3400mm

下料长度 = 外包尺寸 + 两端弯钩长度 − 弯曲调整值

$\quad$ = [（875 + 564）mm × 2 + 3400mm] + （6.25 × 2 × 18mm） −

$\qquad$ （4 × 0.5 × 18mm）

$\quad$ = 6278mm + 225mm − 36mm = 6467mm

⑤ 号钢筋

箍筋下料长度 = 箍筋内周长 + 箍筋调整值

$\quad$ = （400 + 150）mm × 2 + 100mm = 1200mm

4）填写配料单，见表3-1。

5）制作钢筋料牌，如图3-8 所示。

● **训练2　计算钢筋下料长度**

已知某教学楼钢筋混凝土框架梁 KL1 的截面尺寸与配筋如图3-26 所示，共计 5 根，混凝土等级为 C25，次梁的截面宽度为 250mm，求各种钢筋的下料长度。

（1）熟悉图样（配筋图）　应结合《混凝土结构施工图平面整体表示方法制图规则和构造详图》（03G 101—1）阅读此图。

框架 KL1 梁为外伸梁，AB 跨长 7500mm，截面尺寸为300mm × 800mm，下部配有 3 ⊉ 25 通长的钢筋，上部配有 2 ⊉ 25 通长钢筋，在 A、B 支座处配有 4 ⊉ 25 的钢筋，箍筋为 HPB235 （Ⅰ级）钢筋，直径为 10mm，加密区间距为

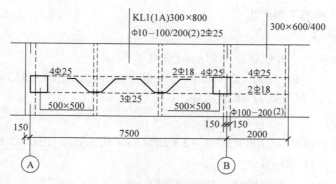

图 3-26 某钢筋混凝土框架梁 KL1 平法施工图

100mm，非加密区间距为 200mm，均为 2 肢箍。外伸部分长为 2000mm，为变截面梁，截面尺寸为 300mm×600/400mm，上部配的 4 Φ 25 的钢筋，下部配有 2 Φ 18 的钢筋，箍筋为 HPB235（Ⅰ级）钢筋，直径为 10mm，间距为 100mm，2 肢箍。

（2）绘制钢筋翻样图 根据配筋构造的有关规定，可知：

1）纵向受力钢筋端头的保护层为 25mm。

2）框架纵向受力钢筋 Φ 25 的锚固长度为 $35d = 35 \times 25mm = 875mm$，伸入柱内的长度可达 $500mm - 25mm = 475mm$，需要向上（下）弯 400mm。

3）悬臂梁的两根负弯矩钢筋伸至梁端，包往边梁后斜向上伸至梁顶部。

4）吊筋底部宽度为次梁宽 $+2 \times 50mm$，按 45°角向上弯至梁顶部，再水平延伸 $20d = 20 \times 18mm = 360mm$。

对照 KL1 框架梁尺寸与上述构造要求，绘制单根钢筋翻样图，如图 3-27 所示，并将各种钢筋编号。

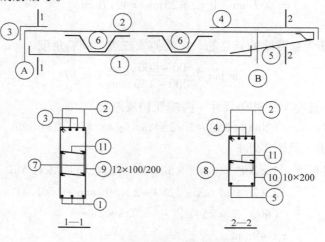

图 3-27 KL1 框架梁钢筋翻样图

（3）计算钢筋下料长度

① 号钢筋

钢筋下料长度 = 外包尺寸 - 弯曲调整值

$$= (7800 + 2 \times 400 - 2 \times 25) \text{mm} - 2 \times 2d = 8550\text{mm} - 2 \times 2 \times$$

$$25\text{mm} = 8450\text{mm}$$

② 号钢筋

外包尺寸 $= (150 + 7500 + 2000 - 2 \times 25) \text{mm} + 400\text{mm} + (350 + 200 + 500) \text{mm}$

$$= 11050\text{mm}$$

钢筋下料长度 = 外包尺寸 - 弯曲调整值

$$= 11050\text{mm} - 3 \times 2 \times 25\text{mm} - 0.5 \times 25\text{mm} = 10887\text{mm}$$

③ 号钢筋

外包尺寸 $= l_{a1}/3 +$ 伸入支座长度 + 下弯长度

$$= (7500 - 2 \times 350) \text{mm}/3 + (500 - 25) \text{mm} + 400\text{mm}$$

$$= 2742\text{mm} + 400\text{mm} = 3142\text{mm}$$

钢筋下料长度 = 外包尺寸 - 弯曲调整值 $= 3142\text{mm} - 1 \times 2 \times 25\text{mm} = 3092\text{mm}$

④ 号钢筋

外包尺寸 = 支座左边水平长度 $(l_{a1}/3) +$ 支座长度 + 支座右边水平长度 + 下弯长度

$$= (7500 - 2 \times 350) \text{mm}/3 + 500\text{mm} + (2000 - 150) \text{mm} + 350\text{mm}$$

$$= 4967\text{mm}$$

钢筋下料长度 = 外包尺寸 - 弯曲调整值

$$= 4967\text{mm} - 1 \times 2 \times 25\text{mm} = 4917\text{mm}$$

⑤ 号钢筋

⑤ 号钢筋为悬臂梁的架立筋，左端伸入柱边，倾斜角度

$$\alpha = \arctan \frac{(600 - 400) \text{mm}}{(2000 - 150) \text{mm}} = 6.17°$$

钢筋下料长度 = （外包尺寸 - 两端保护层厚度）$/\cos\alpha$

$$= (2000 + 350 - 2 \times 25) \text{mm}/\cos 6.17° = 2314\text{mm}$$

⑥ 号吊筋（见图3-28）

吊筋下料长度 $= 2 \times 20d + (b + 2 \times 50) + 2 \times 1.41 h_0 - 4 \times 0.5d$

$$= 2 \times 20 \times 18\text{mm} + (250 + 2 \times 50) \text{mm} + 2 \times 1.41 \times$$

$$(800 - 2 \times 25) \text{mm} - 4 \times 0.5 \times 18\text{mm}$$

$$= 3149\text{mm}$$

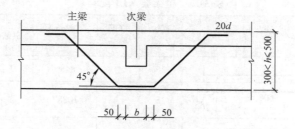

图 3-28　附加吊筋构造

⑦ 号钢筋

钢筋下料长度 = 主跨外包长度 − 两端保护层厚度

$$= 7800\text{mm} - 2 \times 25\text{mm} = 7750\text{mm}$$

⑧ 号钢筋

钢筋下料长度 = 悬挑跨长度 − 一端保护层厚度

$$= 2000\text{mm} - 150\text{mm} - 25\text{mm} = 1825\text{mm}$$

⑨ 号箍筋

箍筋下料长度 = 箍筋内周长 + 箍筋调整值

$$= (750 + 250)\text{mm} \times 2 + 150\text{mm} = 2150\text{mm}$$

箍筋根数 n = 非加密区根数 + 加密区根数

$$= (7800 - 25 - 2 \times 2h_a)/s_1 + (2 \times 2h_a)/s_2$$

$$= (7800 - 25 - 2 \times 2 \times 800)/200 + (2 \times 2 \times 800)/100 = 55$$

⑩ 号箍筋

箍筋根数 $n = (2000 - 150 - 25)/200 + 1 = 10$

外伸梁为变截面梁，每根箍筋的高差为

$$\Delta = (h_a - h_c)/(n - 1) = (550 - 350)\text{mm}/(9 - 1) = 22\text{mm}$$

箍筋下料长度 = 箍筋内周长 + 箍筋调整值

⑩$_1$ 箍筋下料长度 = $(550 + 250)\text{mm} \times 2 + 150\text{mm} = 1750\text{mm}$

⑩$_2$ 箍筋下料长度 = $1750\text{mm} - 2 \times 22\text{mm} = 1706\text{mm}$

⑩$_3$ ~ ⑩$_{10}$ 箍筋下料长度以此类推。

⑪ 号钢筋

下料长度 = $(300 - 2 \times 25 + 2 \times d) + 2 \times 6.25d$

$$= (300 - 2 \times 25 + 2 \times 8)\text{mm} + 2 \times 6.25 \times 8\text{mm} = 366\text{mm}$$

（4）填写框架梁配料单　框架梁配料单见表 3-11。

（5）制作料牌　钢筋料牌如图 3-8 所示。

表 3-11　框架梁 **KL1** 配料单

钢筋编号	简　图	直径/mm	钢筋种类	下料长度/mm	根数	合计根数	重量/kg
①	400⌐ 7750 ⌐	25	⊕	8450	3	15	488
②	400⌐ 9600 ⌐ 500 350 200	25	⊕	10887	2	10	419
③	400⌐ 2742	25	⊕	3092	2	10	119
④	4617 ⌐ 350	25	⊕	4917	2	10	189
⑤	2300	18	⊕	2314	2	10	46
⑥	360 360 1060 350 1060	18	⊕	3149	4	20	127
⑦	7200	14	⊕	7200	4	20	174
⑧	2050	14	⊕	2050	2	10	25
⑨	270 770	10	Φ	2150	55	275	365
⑩$_1$	270 570	10	Φ	1750	1	5	48
⑩$_2$	548×270	10	Φ	1706	1	5	
⑩$_3$	526×270	10	Φ	1662	1	5	
⑩$_4$	504×270	10	Φ	1618	1	5	
⑩$_5$	482×270	10	Φ	1574	1	5	
⑩$_6$	460×270	10	Φ	1530	1	5	
⑩$_7$	438×270	10	Φ	1484	1	5	
⑩$_8$	416×270	10	Φ	1440	1	5	
⑩$_9$	392×270	10	Φ	1398	1	5	
⑩$_{10}$	370×270	10	Φ	1354	1	5	
⑪	266	8	Φ	366	28	140	20

● **训练3　某主梁钢筋代换计算**

某主梁原设计为 HRB335 钢筋 3 $\underline{\Phi}$ 18，因无货供应，拟用 HPB235 钢筋 Φ 20 代换，试求代换后钢筋根数。

1. 计算法

$n_2 \geq (n_1 d_1^2 f_{y1})/(d_2^2 f_{y2}) = 3 \times 18^2 \times 300/20^2 \times 210 = 3.47$，取 4 根。

2. 查表法

原设计抗力为 $A_{s1} f_{y1} = 254.5 \times 3 \times 300 \text{N} = 229050 \text{N} = 229.05 \text{kN}$

查表 3-12，4 Φ 20 的钢筋抗力为 $A_{s2} f_{y2} = 263.9 \text{kN} \geq 229.05 \text{kN}$

故可用 4 Φ 20 的钢筋代换（钢筋截面面积见表 3-13）。

● **训练 4 某工程墙板钢筋代换计算**

某工程的墙板配筋为 Φ 10@100，现拟用 Φ 12 钢筋按等面积代换，求钢筋根数和间距。

1. **计算法**（取 1m 宽墙板计算）

$n_2 \geq n_1 d_1^2/d_2^2$

$n_2 \geq (1000/100) \times 10^2/12^2 = 6.9$，取 7 根，即替换后的配筋为 Φ 12@140。

2. **查表法**

查表 3-14，知配筋为 Φ 10@100 的钢筋面积为 $A_1 = 785 \text{mm}^2$，同样查得配筋为 Φ 12@140 的钢筋面积为 $A_2 = 808 \text{mm}^2$，$A_2 \geq A_1$，故选用 Φ 12@140 的钢筋代换满足要求。

表 3-12　钢筋抗力 $A_s f_y/A_s f_y'$　（单位：kN）

钢筋规格	钢筋根数								
	1	2	3	4	5	6	7	8	9
Φ 6	5.94	11.88	17.81	23.75	29.69	35.63	41.56	47.50	53.44
Φ 8	10.56	21.11	31.67	42.22	52.78	63.33	73.89	84.45	95.00
Φ 9	13.36	26.72	40.08	53.44	66.80	80.16	93.52	106.9	120.2
Φ 8	15.09	30.18	45.27	60.39	75.45	90.59	105.63	120.72	135.81
Φ 10	16.49	32.99	49.48	65.97	82.47	98.96	115.5	131.9	148.2
Φ 12	23.75	47.50	71.25	95.00	118.8	142.5	166.3	190.0	231.8
Φ 10	23.55	47.1	70.65	94.2	117.75	141.3	164.185	188.4	211.95
Φ 14	32.33	64.65	96.98	129.3	161.6	194.0	226.3	258.6	290.9
Φ 12	33.93	67.86	101.79	135.72	169.65	203.58	237.51	271.44	305.37
Φ 16	42.22	84.45	126.7	168.9	211.1	253.3	295.6	337.8	380.0
Φ 14	46.17	92.34	138.51	184.68	230.85	277.02	323.19	369.36	415.53
Φ 18	53.44	106.9	160.0	213.8	267.2	320.6	374.1	427.5	480.9
Φ 16	60.33	120.66	180.99	241.32	301.65	361.98	422.31	482.64	542.97
Φ 20	65.97	131.9	197.9	263.9	329.9	395.8	461.8	527.8	593.8
Φ 18	76.29	152.58	228.87	305.16	381.45	457.74	534.03	610.32	686.61

（续）

钢筋规格	钢 筋 根 数								
	1	2	3	4	5	6	7	8	9
⌀20	94.26	188.52	282.78	377.04	471.3	565.56	659.82	754.08	848.34
⌀22	114.03	228.06	342.09	456.12	570.15	684.18	798.21	912.24	1026.27
⌀25	147.27	294.54	441.81	589.08	736.35	883.62	1030.89	1178.16	1325.43
⌀28	184.59	369.18	553.77	738.36	922.95	1107.54	1292.13	1476.72	1661.31
⌀32	241.29	482.58	723.87	965.16	1206.45	1447.74	1689.03	1930.32	2171.61
⌀36	305.37	61.74	91.11	1221.48	1526.85	1832.22	2137.59	2442.96	2748.33
⌀40	376.83	753.66	1130.49	1507.32	1884.15	2260.98	2637.81	3014.64	3391.47

表 3-13　钢筋的计算截面面积及公称质量

直径 d /mm	不同根数钢筋的计算截面面积/mm²									单根钢筋公称质量/(kg/m)
	1	2	3	4	5	6	7	8	9	
3	7.1	14.1	21.2	28.3	35.3	42.4	49.5	56.5	63.6	0.055
4	12.6	25.1	37.7	50.2	62.8	75.4	87.9	100	113	0.099
5	19.6	39	59	79	98	118	138	157	177	0.154
6	28.3	57	85	113	142	170	198	226	255	0.222
6.5	33.2	66	100	133	166	199	232	265	299	0.260
8	50.3	101	151	201	252	302	352	402	453	0.395
8.2	52.8	106	158	211	264	317	370	423	475	0.432
10	78.5	157	236	314	393	471	550	628	707	0.617
12	113.1	226	339	452	565	678	791	904	1017	0.888
14	153.9	308	461	615	769	923	1077	1231	1385	1.21
16	201.1	402	603	804	1005	1206	1407	1608	1809	1.58
18	254.5	509	763	1017	1272	1527	1781	2036	2290	2.00
20	314.2	628	942	1256	1570	1884	2199	2513	2827	2.47
22	380.1	760	1140	1520	1900	2281	2661	3041	3421	2.98
25	490.9	982	1473	1964	2454	2945	3436	3927	4418	3.85
28	615.8	1232	1847	2463	3079	3695	4310	4926	5542	4.83
32	804.2	1609	2413	3217	4021	4826	5630	6434	7238	6.31
36	1017.9	2036	3054	4072	5089	6107	7125	8143	9161	7.99
40	1256.6	2513	3770	5027	6283	7540	8796	10053	11310	9.87
50	1964	3928	5892	7856	9820	11784	13748	15712	17676	15.42

注：表中直径 d = 8.2mm 的钢筋计算截面面积及公称质量仅适用于有纵肋的热处理钢筋。

表3-14　1m宽钢筋混凝土构件的钢筋面积A　　（单位：mm²）

钢筋间距/mm	钢筋直径/mm								
	6	6/8	8	8/10	10	10/12	12	12/14	14
80	353	491	628	805	982	1198	1414	1669	1924
90	314	436	559	716	873	1065	1257	1448	1710
100	283	393	503	644	785	958	1131	1335	1539
110	257	357	457	585	714	871	1028	1210	1399
120	236	327	419	537	654	798	942	1113	1283
130	217	302	387	495	604	737	870	1027	1184
140	202	280	359	460	561	684	808	954	1100
150	188	262	335	429	524	639	754	890	1026
160	177	245	314	403	491	599	707	834	962
170	166	231	296	379	462	564	665	785	906
180	157	218	279	358	436	532	628	742	855
190	149	207	265	339	413	504	595	703	810
200	141	196	251	322	393	479	565	668	770
210	135	187	239	307	374	456	539	636	733
220	129	178	228	293	357	436	514	607	700
230	123	171	219	280	341	417	492	580	669
240	118	164	209	268	327	399	471	556	641
250	113	157	201	258	314	383	452	534	616

复习思考题

1. 简述弯起钢筋的放大样操作步骤。
2. 简述钢筋配料单的编制步骤。
3. 室内正常环境属于几类环境？
4. 怎样确定钢筋的锚固长度？
5. 什么是弯曲调整值？30°、45°、60°弯钩的弯曲调整值分别是多少？
6. 预应力钢筋下料长度应考虑哪些因素？
7. 钢筋代换的原则有哪几条？

第 四 章

钢筋加工与安装

培训学习目标 能绑扎安装框架结构中特殊部位的钢筋，掌握先张法、后张法及无粘结后张法的工艺流程和工艺操作。

◇◇◇ 第一节 非预应力钢筋绑扎

各种混凝土结构钢筋绑扎的操作程序可概括为：准备→操作→检查。

一、钢筋绑扎的准备工作

为了保证钢筋绑扎的质量并提高工效，钢筋绑扎前应充分做好准备工作，一般应做好以下几项工作：

1）施工图是钢筋绑扎、安装的重要依据，因此施工前应熟悉结构施工图和配筋图，明确各部位做法，明确钢筋安装的位置、标高、形状、各细部尺寸及其他要求，确定不同种类的结构钢筋正确合理的绑扎顺序。

2）根据配筋图及钢筋配料单，清理核对成形钢筋，要核对钢号、直径、形状、尺寸和数量，以及出厂合格证明、复验单，如有错漏，应及时纠正增补。

3）根据施工组织设计中对钢筋安装时间和进度的要求，研究确定相应的施工方法。

4）备好机具、材料，包括扳手、绑扎钩、小撬棍、绑扎铅丝、划线尺、保护层垫块、临时加固支撑、拉筋以及双层钢筋需用的支架等，另外还要搭设操作架子。

5）对形式复杂、钢筋交错密集的结构部位，应先研究逐根钢筋穿插就位的先后顺序；与木工相互配合，固定支模与钢筋绑扎的先后顺序，以保证绑扎与安装的顺利进行，以免造成不必要的返工。

6）清扫与弹线。清扫绑扎地点，弹出构件中线或边线，在模板上弹出洞口线，必要时弹出钢筋位置线。

平板或墙板的钢筋，在模板上画线；柱的钢筋，在两根对角线主筋上画线；梁的箍筋，则在架立筋上画线；基础的钢筋在固定架上画线或在两向各取一根钢筋画线或在垫层上画线。钢筋接头位置，应根据来料规格，结合钢筋有关接头位置、数量的规定，使其错开，在模板上画线。

7）做好钢筋的除锈和运输工作。

8）做好互检、自检及交检工作，在钢筋绑扎安装前，应会同施工员、木工等，共同检查模板尺寸、标高、预埋铁件和水、电、气的预留情况是否符合要求。

二、钢筋绑扎的要求

钢筋绑扎接头位置的要求以及钢筋位置的允许偏差应符合国家现行《混凝土结构工程施工及验收规范》（GB 50204—2010）的规定。

1）钢筋绑扎接头宜设置在受力较小处。同一纵向受力钢筋不宜设置两个或两个以上接头。接头末端至钢筋弯起点距离不应小于钢筋直径的 10 倍。

2）同一构件中相邻纵向受力钢筋的绑扎接头宜相互错开。绑扎搭接接头中钢筋的横向间距不应小于钢筋直径，且不应小于 25mm。

3）当出现下列情况，如钢筋直径大于 25mm、混凝土凝固过程中受力钢筋易受扰动、钢筋涂环氧树脂、带肋钢筋末端采用机械锚固措施、混凝土保护层厚度大于钢筋直径的 3 倍、构件为抗震结构构件等，纵向受力钢筋的最小搭接长度应按有关规定进行修正。

4）在绑扎接头的搭接长度范围内，应采用铁丝绑扎三点。

> 采用铁丝，绑扎三点！

5）冷轧带肋钢筋严禁采用焊接接头，但可制成点焊网片。

6）在绑扎接头时，一定要保证接头扎牢，然后再与其他钢筋绑扎。在绑扎时注意保证主筋的保护层厚度，并保证绑扎的钢筋网片或钢筋骨架不发生变形或松脱现象。

7）绑扎钢筋的铁丝头应朝内，不能侵入到混凝土保护层厚度内。

8）下列情况不得采用绑扎连接：

① 轴心受拉和小偏心受拉构件中的钢筋接头应采用焊接，不得采用绑扎连接。

② 普通混凝土中直径大于 25mm 的钢筋和轻骨料混凝土中直径大于 20mm 的钢筋不应采用绑扎接头。

三、钢筋检查

钢筋绑扎安装完毕后，应按以下内容进行检查：

1）对照设计图纸检查钢筋的钢号、直径、根数、间距、位置是否正确，应特别注意负筋的位置。

2）检查钢筋的接头位置和搭接长度是否符合规定。

3）检查混凝土保护层的厚度是否符合规定。

4）检查钢筋是否绑扎牢固，有无松动变形现象。

5）钢筋表面不允许有油渍、漆污和片状铁锈。

6）安装钢筋的允许偏差，不得大于规范的要求。

四、混凝土施工过程中的注意事项

1）在混凝土浇筑过程中，混凝土的运输应有自己独立的通道。运输混凝土不能损坏成品钢筋骨架。应在混凝土浇筑时派钢筋工现场值班，及时修整移动的钢筋或扎好松动的绑扎点。

2）混凝土施工缝不应随意留置，其位置应事先在施工技术方案中确定，应尽可能留置在受剪力较小的部位，并且便于施工。钢筋工应在混凝土再次浇筑前，认真调整施工缝部位的钢筋。

五、钢筋绑扎

1. 基础钢筋绑扎

（1）钢筋绑扎顺序

1）独立柱基础：基础钢筋网片→插筋→柱受力钢筋→柱箍筋。

2）条形基础：绑扎底板网片→绑条形骨架。

（2）钢筋绑扎操作要点

1）钢筋网的绑扎：四周两行钢筋交叉点应每点扎牢，中间部分交叉点可相隔交错扎牢，但必须保证受力钢筋不发生位移。双向主筋的钢筋网，则须将全部钢筋相交点扎牢。绑扎时应注意相邻绑扎点的铁丝扣要成八字形，以免网片歪斜变形。

2）基础底板采用双层钢筋网时，在上层钢筋网下面应设置钢筋撑脚或混凝土撑脚，以保证钢筋位置正确。

钢筋撑脚的形式与位置如图 4-1 所示，每隔 1m 放置一个。当板厚 $h \leqslant 30cm$ 时直径为 8～10mm；当板厚 $h = 30 \sim 50cm$ 时直径为 12～14mm；当板厚 $h > 50cm$ 时直径为 16～18mm。

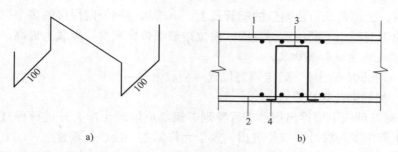

图 4-1 钢筋撑脚

a）钢筋撑脚 b）撑脚位置
1—上层钢筋网 2—下层钢筋网 3—撑脚 4—水泥垫块

3）独立柱基础为双向弯曲，其底面短边钢筋应放在长边钢筋的上面。

4）钢筋的弯钩应朝上，不要倒向一边；但双层钢筋网的上层钢筋弯钩应朝下。

5）现浇柱与基础连接用的插筋，其箍筋应比柱的箍筋缩小一个柱筋直径，以便连接。插筋位置一定要固定牢靠，以免造成柱轴线偏移。

6）厚片筏上部钢筋网片，可采用钢管临时支撑体系。绑扎上部钢筋网片所用的钢管支撑如图 4-2a 所示。在上部钢筋网片绑扎完毕后，需置换出水平钢管，为此另取一些垂直钢管通过直角扣件与上部钢筋网片的下层钢筋连接起来（该处需另用短钢筋段加强），替换了原支撑体系，如图 4-2b 所示。在混凝土浇筑过程中，逐步抽出垂直钢管，如图 4-2c 所示。

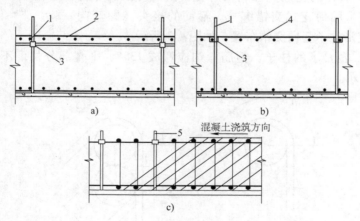

图 4-2 厚片筏上部钢筋网片的钢管临时支撑

a）绑扎上部钢筋网片时 b）浇筑混凝土前 c）浇筑混凝土时
1—垂直钢管 2—水平钢管 3—直角扣件 4—下层水平钢筋 5—待拔钢管

此时，上部荷载可由附近的钢管及上、下端均与钢筋网焊接的多个拉结筋来承受。由于混凝土不断浇筑与凝固，使拉结筋细长比减少，承载力提高。

2. 现浇框架柱钢筋绑扎

（1）钢筋绑扎顺序　确定钢筋位置→摆放钢筋→绑扎。

（2）钢筋绑扎操作要点

1）对基础或下层伸出钢筋进行整理，钢筋应清理干净，并进行理直，若发现伸出钢筋位置与设计要求位置出入大于允许偏差，应进行调整。

2）按图样要求计算好每根（段）柱子所要箍筋数量，按箍筋接头交错布置原则先理好，一次套在伸出筋上，然后立竖筋。

3）竖筋和伸出筋的接头可采用绑扎搭接、绑条焊接、电渣焊接、气压焊接和挤压连接等方法。绑扎搭接绑扣不得少于三扣，绑扣朝里，便于箍筋向上移动，若竖筋是圆钢，搭接时弯钩朝柱心，四角钢筋弯钩应与模板成 45°角，中部竖筋的弯钩应与模板成 90°角，不应向一侧歪斜。多边形柱角筋弯钩为模板内角的平分角。圆形柱钢筋弯钩应与模板切线垂直。小型截面柱，弯钩与模板的角度不得小于 15°。

4）在立好的竖筋上用色笔画出箍筋间距，然后将套好的箍筋往上移动，由上往下绑扎，注意箍筋的间距，四角宜用缠扣。

5）箍筋绑扎的几点注意事项：

图 4-3　箍筋接头交错
布置示意图
1—柱竖筋　2—柱箍筋

① 箍筋转角与主筋交点均要绑扎，主筋与箍筋非转角部分交点可用梅花式交错绑扎。箍筋的接头（即弯钩叠合处）应沿柱子竖向交错布置，如图 4-3 所示。

② 有抗震要求的柱子，箍筋弯钩应弯成 135°，平直部分长度不小于 $10d$，如图 4-4 所示。

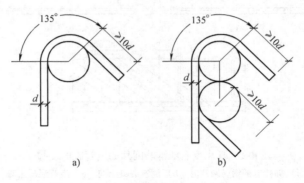

a)　　　　　　　　b)

图 4-4　柱箍筋弯钩 135°示意图

③ 箍筋采用90°角搭接时，搭接处应焊接，单面焊焊接长度不小于10d，如图 4-5 所示。

④ 柱基、柱顶、梁柱交接处，箍筋间距应按设计要求加密。

6）受力钢筋接头位置不宜位于最大弯矩处，并应互相错开。在绑扎接头任一搭接长度区段内的受力钢筋截面面积占受力钢筋总截面面积百分率应符合受拉区不得超过25%，受压区不得超过50%的规定。

7）绑扎接头长度应符合设计要求。若设计无明确要求时，纵向受拉钢筋接头长度应按受拉钢筋最小绑扎搭接长度规定采用，受压钢筋绑扎接头的搭接长度应按受拉钢筋最小绑扎搭接长度规定数值的 0.7 倍采用。

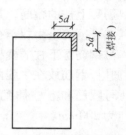

图 4-5 箍筋接头焊接示意图

8）垫保护层：用砂浆垫块时，垫块应绑在竖筋外皮上，用塑料卡时应卡在外排钢筋上，间距一般为 1000mm 左右，以保证主筋保护层厚度的正确。

9）设计要求箍筋设拉筋时，拉筋应钩住箍筋，如图 4-6 所示。

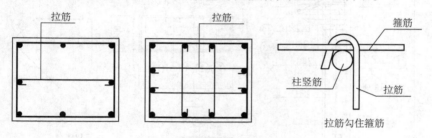

图 4-6 柱拉筋示意图

当柱截面尺寸有变化时，柱钢筋收缩位置、尺寸应符合设计要求，收缩时宽高比为 1:6。

10）为保证柱的伸出钢筋位置准确，应采取以下措施：

① 外伸部分钢筋加 1~2 道临时箍筋，按图样位置安好，然后用样板、铁卡或方木卡好固定。

② 浇筑混凝土前再复查一遍，若发生移位，应立即矫正。

③ 注意浇筑混凝土和振捣操作，尽量不碰撞钢筋，在混凝土浇捣过程中，应有专人随时检查，及时纠正。

柱子钢筋也可先绑扎成骨架后整体安装。整体安装时，应保证起吊不使钢筋变形。

3. 牛腿柱钢筋骨架绑扎

（1）牛腿柱配筋 图 4-7 为牛腿柱配筋图，柱内钢筋说明如下：①号、②号钢筋为柱外侧钢筋，沿柱通长布置；③号、④号钢筋为上柱内侧钢筋，长度从牛腿底部到柱顶；⑤号、⑥号钢筋为下柱内侧钢筋，长度从柱底到牛腿顶；⑦号钢筋是上柱的箍筋，其间距为 200mm；⑧号钢筋是下柱的箍筋，其间距为 200mm；⑨号钢筋是牛腿部分的箍筋，其间距为 100mm，牛腿斜线处箍筋为变截面；⑩号钢筋是下柱的两根腰筋，放在下部截面长边的中部，长度从下柱底到牛腿底；⑪号钢筋放在牛腿两边最外侧；⑫号、⑬号钢筋位于牛腿处；⑭号钢筋是固定⑩号腰筋和上柱插到牛腿中③号钢筋的拉筋，在 6500mm 长度内配置，其间距为 200mm。

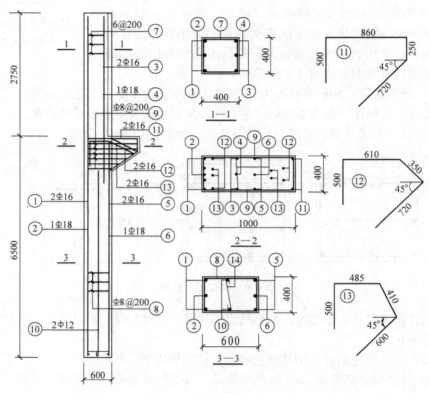

图 4-7　牛腿柱配筋图

（2）钢筋绑扎顺序　绑扎下柱钢筋→绑扎牛腿钢筋→绑扎上柱钢筋。

（3）钢筋绑扎操作要点

1）柱子主筋若有弯钩，弯钩应朝向柱心。

2）绑扎接头的搭接长度，应符合设计要求和规范规定。在搭接长度内，绑扣要朝向柱内，便于箍筋向上移动。

3）牛腿钢筋应放在柱的纵向钢筋内侧。牛腿部位的⑨号箍筋，应按变截面计算加工尺寸。

4. 现浇框架板钢筋绑扎

（1）现浇框架板钢筋绑扎顺序　清理模板→模板上画线→绑扎下层钢筋→绑扎上层（负弯矩）钢筋。

（2）钢筋绑扎操作要点

1）将模板清扫干净，在模板上画好主筋、分布筋间距。按画好的间距，先摆放受力主筋，再摆放分布筋。

2）要及时配合预埋件、电线管、预留孔等的安装。

3）钢筋搭接长度、位置的确定应符合规范要求。

4）双向板钢筋在相应点绑扎，单向板外围两根钢筋的相交点，应全部绑扎，中间点可隔点交错绑扎；绑扎一般用八字扣。

5）双层钢筋的绑扎顺序为先下层后上层，两层钢筋之间，须加钢筋支架，间距1m左右，并和上下层钢筋连成整体，以保证上层钢筋的位置。

6）绑扎负弯矩钢筋时，每个扣均要绑扎。

5. 现浇悬挑雨篷钢筋绑扎

（1）现浇悬挑雨篷钢筋构造　雨篷板为悬挑式构件，为防止板的倾覆，雨篷板与雨篷梁必须一次整浇。要特别注意的是雨篷板上部受拉，下部受压，雨篷板的受力筋应放置在构件断面的上部，并将受力筋伸进雨篷梁内，如图4-8所示。

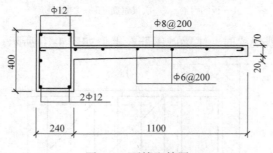

图4-8　雨篷配筋图

（2）钢筋绑扎操作要点

1）雨篷的主筋在上，分布筋在主筋的内侧，位置应正确，不可放错。

2）钢筋的弯钩应全部向内，雨篷梁与板的钢筋应有足够的锚固长度。

3）雨篷钢筋骨架在模内绑扎时，不准踩在钢筋骨架上进行绑扎。

4）雨篷板双向钢筋的交叉点均应绑扎，铁丝方向呈八字形。

5）应垫放足够数量的马凳，确保钢筋位置的准确。

6. 肋形楼盖钢筋绑扎

（1）钢筋绑扎顺序　主梁筋→次梁筋→板钢筋。

（2）钢筋绑扎操作要点

1）要特别处理好主梁、次梁、板三者之间的关系。

2）纵向受力钢筋采用双排布置时，两排钢筋之间要有一定的距离，一般采用直径大于25mm的短钢筋。

3）板上的负弯矩筋，要严格控制其位置，防止被踩下。箍筋的接头应交错布置在两根架立钢筋上。

4）在板、次梁与主梁的交叉处，板的钢筋在上，次梁的钢筋居中，主梁的钢筋在下，如图4-9所示。

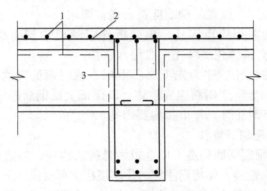

图4-9　板、次梁与主梁交叉处钢筋
1—板的钢筋　2—次梁钢筋　3—主梁钢筋

5）当有圈梁或垫梁时，主梁的钢筋在上，如图4-10所示。

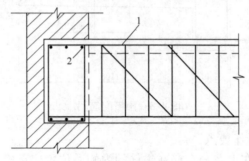

图4-10　主梁与垫梁交叉处钢筋
1—主梁钢筋　2—垫梁钢筋

7. 框架梁柱节点钢筋配制与绑扎

（1）框架梁柱节点钢筋构造　图4-11为梁柱连接点详图，从图中可以看出，柱的断面尺寸为350mm×350mm，梁的断面尺寸为240mm×600mm。柱中配有4±22受力纵筋，下层钢筋伸出上层楼面800mm。柱箍筋为φ6@200，在上下柱受力筋搭接范围内为 Φ6@100。梁的下部受力筋为 2 Φ16 和 1 Φ18 弯起，上部受力筋为 3 Φ18，其中一根由邻跨弯来；底部 1 Φ18 受力钢筋在近柱子处按 45° 角弯起，上弯点离柱边缘 50mm，弯起钢筋延伸到邻跨距柱边缘 1000mm 处。梁内箍筋为 Φ8@150，一直排列到离柱子边缘 50mm 处。

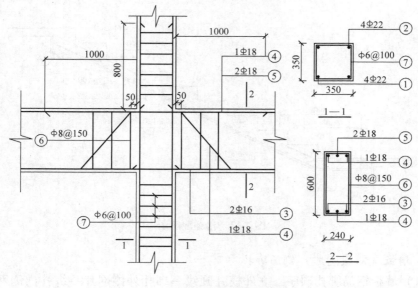

图 4-11　梁柱节点钢筋

（2）梁柱节点钢筋绑扎顺序　支设模板→立下柱钢筋→绑扎下柱箍筋→立上柱钢筋→绑扎上柱箍筋→从柱主筋内侧穿梁的上部钢筋和弯起钢筋→套梁箍筋→穿入梁底部钢筋→绑扎牢固→检查。

（3）钢筋绑扎操作要点

1）柱的纵向钢筋弯钩应朝向柱心，梁的钢筋应放在柱的纵向钢筋内侧。

2）箍筋的接头应交错布置在柱四个角的纵向钢筋上，箍筋转角与纵向钢筋交叉点均应绑扎牢固。

3）柱梁箍筋在弯钩叠合处错开。

8. 楼梯钢筋绑扎

（1）楼梯钢筋绑扎顺序　模板上画线→钢筋入模→绑扎受力钢筋和分布筋→检查→成品保护。

楼梯钢筋骨架采用现场绑扎，所以在绑扎前要确定钢筋的位置，研究并安排好绑扎顺序。

（2）钢筋绑扎操作要点

1）在模板上画出钢筋的间距及弯起位置。

2）钢筋的弯钩应全部向内。

3）作业开始前，检查模板及支撑是否牢固，不准踩在钢筋骨架上进行绑扎。

楼梯配筋如图 4-12 所示。

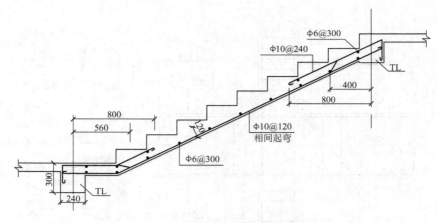

图 4-12　楼梯配筋图

9. 墙板（双层网片）钢筋绑扎

（1）墙板钢筋绑扎顺序　立外模并画线→绑扎外侧网片→绑扎内侧网片→绑扎拉筋→安放保护层垫块→设置撑铁→检查→立内模。

（2）钢筋绑扎操作要点

1）水平钢筋每段长度不宜超过 8m，垂直钢筋每段长度不宜超过 6m。

2）钢筋的弯钩应朝内。

3）采用双层钢筋网时，必须设置直径为 6 ~ 12mm 的钢筋撑铁，间距 80 ~ 100mm，相互错开排列。

10. 池壁钢筋配制与绑扎

图 4-13 为圆形水池池壁配筋图，图中①、③号筋是水池外壁钢筋，②、④号筋是水池内壁钢筋，⑤号筋是拉筋，用于固定钢筋间距。

（1）圆形水池钢筋绑扎顺序　安装水池内模→绑扎内壁钢筋网→上口安装撑铁→绑扎外壁钢筋网→安装拉筋→检查→安外模板。

（2）钢筋绑扎操作要点

1）池壁内外壁钢筋不要配错。

2）池壁钢筋接头应错开位置。

3）绑扎钢筋网时，应同时将带有铁丝的保护层垫块绑上。

4）钢筋绑扎要从四面对称进行，避免池壁钢筋网向一个方向发生歪斜。

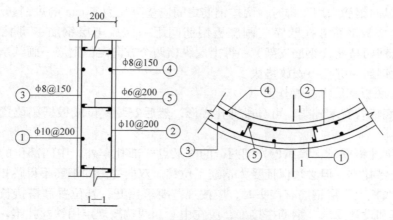

图 4-13 圆形水池池壁配筋图

5）绑扎内壁钢筋网时，按钢筋间距在内模上画线（由下至上按间距画出水平钢筋线），在模板上端及下端水平钢筋线上定位上下两根水平钢筋（④号）。垂直钢筋（②号）绑扎在上端水平钢筋（④号）上，让其自行垂直，下端绑扎在下端的水平钢筋（④号）上，使其均匀分布。按照水平线位置安装水平钢筋（④号）并绑扎在垂直钢筋（②号）上。

6）在模板内模上口安装撑铁若干个，利用撑铁安装好上口外层的上部水平钢筋（①号），撑铁尺寸同混凝土壁厚。

7）绑扎外壁钢筋网时，在上部水平钢筋（①号）上绑扎垂直钢筋（③号）时，应先每隔 4~5 个间距绑扎 1 根，以便固定钢筋网位置，再将其他水平钢筋（①号）穿进绑扎，然后将③号筋全部绑定。

8）内外层钢筋网之间安装拉筋（⑤号），以固定内外层钢筋。

11. 地下室（箱形基础）钢筋绑扎

绑扎地下室钢筋前，应将查对好的成形钢筋分部位、按规格型号堆放。

（1）地下室（箱形基础）钢筋绑扎顺序 运钢筋→绑梁钢筋→绑底板钢筋→绑墙钢筋。

其中，梁钢筋绑扎顺序为：将梁架立筋两端架在骨架绑扎架上→画箍筋间距→绑箍筋→穿梁下层纵向受力主筋→下层主筋与箍筋绑牢→抽出骨架绑扎架，骨架落在梁位置线上→安放垫块。

底板钢筋绑扎顺序为：画底板钢筋间距→摆放下层钢筋→绑扎下层钢筋→摆放钢筋马凳（钢筋支架）→绑上层纵横两个方向定位钢筋→画其余钢筋间距→穿设钢筋→绑扎→安放垫块。

（2）钢筋绑扎操作要点

1）箍筋弯钩的叠合处应交错绑扎。

2）纵向钢筋采用双排时，两排钢筋之间应垫直径为 25mm 的短钢筋。

（3）底板钢筋绑扎顺序　画底板钢筋间距→摆放下层钢筋→绑扎下层钢筋→摆放钢筋马凳（钢筋支架）→绑上层纵横两个方向定位钢筋→画其余钢筋间距→穿设钢筋→绑扎→安放垫块。

（4）底板钢筋绑扎操作要点

1）底板若有基础梁，可分段绑扎成形，然后安装就位或根据梁位置线就地绑扎成形。

2）绑扎钢筋时，除靠近外围两行的交叉点全部扎牢外，中间部位的交叉点可相隔交错扎牢，但必须保证受力钢筋不位移。双向受力的钢筋不得跳扣绑扎。

3）底板上下层钢筋有接头时，应按规范要求错开，其位置和搭接长度均要符合规范和设计要求。钢筋搭接处，应在中心和两端按规定用铁丝扎牢。

4）墙、柱主筋插入基础深度要符合设计要求，根据弹好的墙、柱位置，将预留插筋绑扎固定牢固，以确保位置准确，必要时可附加钢筋电焊焊牢墙筋。

12. 墙筋绑扎

（1）墙筋绑扎顺序　立外模并画线→绑扎外侧网片→绑扎内侧网片→绑扎拉筋→安放保护层垫块→设置撑铁→检查→立内模。

（2）钢筋绑扎要点

1）在底板混凝土上放线后应再次校正预埋插筋，根据插筋位移程度按规定认真处理。墙模板应采取"跳间支模"，以利于钢筋施工。

2）墙筋应逐点绑扎，其搭接长度及位置应符合设计和规范要求。

3）双排钢筋之间应绑支撑、拉筋，间距为 1000mm 左右，以保证双排钢筋之间距离不变。

4）为保证门窗口标高位置正确，应在洞口竖筋上画标高线。洞口处要按设计要求绑附加钢筋，门洞口连梁两端锚入墙内长度要符合设计要求。

5）各连接点的抗震构造钢筋及锚固长度，均应按设计要求进行绑扎，如首层柱的纵向受力筋伸入地下室墙体深度、墙端部、内外墙交接处的受力筋锚固长度等在绑扎时要特别注意设计图样要求。

6）配合其他工种安装预埋管件、预留洞口，其位置、标高等均应符合设计要求。

13. 滑动模板（滑模）钢筋绑扎

滑动模板（简称滑模）装置由模板系统、操作系统和滑升系统三部分组成，适用于现场浇筑的钢筋混凝土高耸结构，如筒仓、烟囱、双曲线冷却塔及高层建筑中的剪力墙等。

（1）钢筋加工

1）钢筋加工的长度应根据结构尺寸及滑模工艺要求计算得出。

2）竖向钢筋的长度以楼层高度为准，并且其钢筋顶端需高出停滑时模板上口停置高度，还应加上钢筋搭接长度。一般钢筋上端不宜加弯钩。

3）水平钢筋长度，一般以一个轴线间距为一个水平配筋单元，环形钢筋间距以 6～7m 为宜。

4）大直径受拉钢筋一般采用焊接。

（2）钢筋绑扎

1）应在模板组装前提前绑扎首段钢筋。

2）钢筋绑扎的施工速度根据浇筑混凝土的速度合理划分区段，定人定岗。

3）为确保钢筋位置准确，应采取以下措施：

① 对竖向钢筋，可利用提升架横梁上的通长槽钢定位。

② 对墙体双排钢筋，可每隔一定距离焊上短筋。

③ 柱子钢筋在一定高度绑上临时定位箍筋。

④ 梁的钢筋边滑边绑扎。

4）应保持混凝土表面比模板上口低 100～150mm，同时，还应使最上一道水平钢筋留在混凝土外，作为绑扎上一道钢筋的标志。

5）如果支撑杆作为结构受力钢筋，其接头的焊接质量应满足钢筋焊接工艺规定的要求。

14. 剪力墙结构大模板钢筋绑扎

（1）施工前的准备　在进行钢筋绑扎前，首先要整理好预留的搭接钢筋，把变形的钢筋调直，若下层预留的伸出钢筋位置偏差较大，应经设计单位签证同意，进行弯折调整。同时，应将松动的混凝土清除。

（2）墙体钢筋绑扎　可参考本章中有关墙体钢筋绑扎的内容。

（3）剪力墙钢筋搭接　水平钢筋和竖向钢筋的搭接要相互错开。搭接要符合设计要求，如设计无明确要求须按规范规定。

（4）剪力墙钢筋的锚固

1）剪力墙的水平钢筋在端部应根据设计要求增加冂形铁或暗柱。

2）剪力墙的水平钢筋丁字节点及转角节点的绑扎锚固按设计要求绑扎。

3）剪力墙连梁的上下水平钢筋伸入墙内长度，不能小于设计要求。

4）剪力墙连梁沿梁全长的箍筋构造要符合设计要求，但在建筑物顶层连梁伸入墙体的钢筋长度范围内，应设置间距不小于 150mm 的构造箍筋。

5）剪力墙洞口周围应绑扎补强钢筋，其锚固长度应符合设计要求。

（5）预制点焊网片绑扎搭接　网片立起后应用木方临时支撑，然后逐根绑扎根部搭接钢筋，搭接长度要符合规范规定，在钢筋搭接部分的中心和两端共绑三个扣。门窗洞口加固筋需同时绑扎，门口两侧钢筋位置应准确。

（6）与预制外墙板连接　外墙板安装就位后，将本层剪力墙边柱竖筋插入预制外墙板侧面钢筋套环内，竖筋插入外墙板套环内不得少于3个，并绑扎牢固。

（7）外砖墙连接　应将外墙拉结筋与内墙墙体妥善连接，绑扎牢固。

（8）修整　大模板合模之后，对伸出的墙体钢筋进行修整，并绑一道临时水平横筋固定伸出筋的间距。墙体浇筑混凝土时派钢筋工值班，浇筑完后立即对伸出筋进行调整。

15. 烟囱钢筋绑扎

（1）烟囱基础钢筋绑扎

1）环形及圆形基础：待垫层混凝土浇筑完成并达到一定强度后，即可放线。放线一般习惯放模板线（即基础混凝土的外圈及内圈线），但为了保证筒壁基础插筋正确，也应在垫层上标注基础环壁筋内外圈的墨线。为保证坡度正确，应把±0.000标高处烟囱基础环壁的投影线一并弹出来。为了确保钢筋位置的正确，除了给出十字线外，最好再按45°或30°角弹上墨线。绑扎时，主副筋位置应按1/4错开，相交点用铁丝绑扎牢固。为确保筒壁基础插筋位置正确，除依靠弹线外，还应在其杯口上部和下部绑扎2~3道固定圈，固定圈可按其所在位置设计半径制作。

2）壳体基础：小型壳体基础钢筋绑扎，可在胎模上绑扎成罩形钢筋网，然后运往现场安装。大型壳体钢筋，宜在现场绑扎，若有条件尽量采用焊接钢筋网，施工方法和环形基础相同。

3）钢烟囱基础：钢烟囱基础的形式和构造均与钢筋混凝土烟囱的基础相同，只是须在与筒身连接处留插筋、钢板或螺栓，施工方法无特殊要求。

（2）钢筋混凝土烟囱筒身钢筋的绑扎　筒身的钢筋由垂直竖筋与水平环筋所组成，其绑扎顺序为先竖筋后环筋，竖筋与基础或下节筒壁伸出钢筋相接，其绑扎接头在同一水平截面上的数量一般为筒壁全圆周钢筋总数的25%左右。

每根竖筋的长度，常按筒壁施工节数高度的倍数进行计算，一般为5m加钢筋接头搭接长度。

竖筋绑扎后即绑扎环筋，一般直径18mm以上的钢筋，宜先按设计要求加工成弧形，直径18mm以下的钢筋，则在绑扎时随时弯曲。在同一竖直截面上环筋绑扎接头数，不应超过其总数的25%。

在钢筋绑扎的同时随即绑好钢筋保护层垫块，待钢筋和垫块全部绑完后，需对保护层作一次检查调整，以符合设计和规范要求为准。在筒壁施工过程中对标准环筋的周长，应经常及时地进行校核。

烟囱采用滑模施工时，竖筋一般按4~5m再加搭接长度进行下料加工，环筋以6~7m长为宜。当采用双滑工艺时，烟囱口由于悬臂钢筋过长，也可分段错开搭接或采用焊接。

采用滑模工艺的烟囱钢筋安装操作要点：

1）钢筋绑扎应和混凝土浇筑交错进行，以加快滑模进度。

2）钢筋的直径、数量、间距、保护层厚度等应予检查，使之符合设计要求。

3）竖筋的接头可采用绑扎或焊接连接。

4）每榀提升门架上设置一个钢筋位置调节器，用来调节钢筋保护层厚度。

5）烟道口竖筋很长时，可搭设井字架予以架立，烟道口上口环梁筋分层绑扎。筒身环梁筋要防止油污污染（千斤顶、油管接头漏油），钢筋表面的油渍应用棉纱擦净。

6）停滑时应安装好上层钢筋。

（3）烟囱钢筋绑扎注意事项

1）烟囱施工的钢筋一般由现场统一集中加工，分批运至烟囱施工区的堆料场内。

2）筒壁设计为双层配筋时，水平环筋的设置，应尽可能地便于施工，内侧水平环筋绑在内侧立筋以内，外侧水平环筋绑在外侧竖筋以外。

16. 冷却塔钢筋绑扎

冷却塔筒壁钢筋一般采用传统的双层钢筋网，以克服单层钢筋不能抵抗温度应力及壳面施工偏差造成的弯矩的缺陷。

（1）施工准备

1）根据设计施工图，绘制筒壁钢筋绑扎明细表，格式见表4-1。

2）制作钢筋保护层垫块，规格一般为35mm×35mm×20mm的方块。

3）钢筋配料。钢筋的下料长度一般按使用的模板尺寸确定，避免因钢筋过长而倒伏，给绑扎带来不便。环向钢筋一般长度取 8～12m。钢筋下料后，应按标高顺序和规格，垫方木分类堆放。

4）制作内外层钢筋间支撑。为保证钢筋位置准确，在内外层钢筋间按一定距离进行支撑，支撑分为钢筋支撑和木支撑两种形式。

钢筋支撑采用Φ8～Φ10 钢筋做成，形式如图 4-14a 所示，绑扎时，将其搭在内外环向钢筋上，用铁丝绑扎，该方法多用于变壁厚段。

表 4-1 筒壁钢筋绑扎明细表

节数	标高	规格	间距/mm	规格	$2\pi R/n$	减（增）	施工日期	施工记录
		环 筋		竖 筋				
3 2 1								

注：n——人字柱对数。

木支撑系用断面为 40mm × 25mm 的木条，做成两端带有缺口的形式，如图 4-14b 所示。绑扎时，将其卡在内外环钢筋上，用铁丝绑扎以防止掉落。待该层混凝土浇捣并初凝后，将木撑条取出，整理后集中堆放，以供重复使用，该支撑方法多用于等壁厚段。

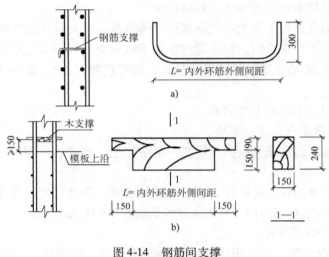

图 4-14 钢筋间支撑
a）钢筋支撑 b）木支撑

（2）施工方法

1）钢筋垂直运输至操作平台后，按各区域需用量均匀堆放。

2）钢筋绑扎一般从竖井架处或其对面一点（开始安装内模板位置处）开始，分组向相反方向进行，最后闭合。

（3）操作要点

1）为保证钢筋环向和竖向间距准确，排列均匀，钢筋绑扎时，应先沿环向每隔 4～6m 标出各层环筋位置，同时从绑扎点开始，按钢筋明细表中竖向钢筋的根数，画出竖向钢筋位置，确保竖向钢筋排列均匀。先绑扎内侧竖向钢筋，再绑扎内侧环向钢筋，在环向钢筋与内模板之间垫好保护层，最后绑扎外侧环向筋和竖向筋，也可在内侧钢筋绑扎到全圆周的 1/4 时开始绑扎外侧钢筋。在绑扎外侧环向筋时，应确保内外层钢筋间距一致。

2）为了内层钢筋绑扎方便，在经设计人员同意后，可将内侧竖向钢筋与环向钢筋绑扎位置互换。

3）为防止在大风情况下竖向钢筋的晃动影响钢筋位置的准确和新浇混凝土与钢筋间的握裹力，应从支撑好的模板面向上 1.5～2m 处绑扎 1～2 道环向筋，且与内操作平台用支撑相连，支撑间距为每 5m 左右一根。

4）竖向钢筋数量应按人字柱顶部中心的间距来控制，每施工5～10节，应用经纬仪对竖向钢筋位置进行测定和复查。同时，竖向钢筋的接头应尽可能设在已浇混凝土面上（模板面向上至钢筋端头长度等于钢筋搭接长度）。

17. 钢筋混凝土桩钢筋笼的制作

（1）钢筋笼的结构　一般情况下，钢筋笼由主筋、箍筋和螺旋筋组成，主筋应高出最上面一道箍筋，以便锚入承台，如图4-15所示。

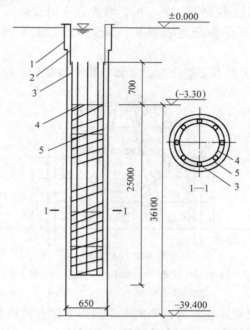

图4-15　桩身配筋图
1—护筒　2—吊筋　3—主筋　4—箍筋　5—螺旋筋

（2）钢筋笼的制作要求

1）钢筋笼所用钢筋规格、材质、尺寸应符合设计要求。

2）钢筋笼的制作偏差应符合规范规定。

3）钢筋笼的直径除按设计要求外，还应符合下列规定：用导管灌注水下混凝土的桩，其钢筋笼内径应比导管连接处的外径大100mm以上，钢筋笼的外径应比钻孔直径小100mm左右。沉管灌注桩，钢筋笼外径应比钢管内径小60～80mm。

4）分段制作的钢筋笼，其长度以小于10m为宜。

（3）钢筋笼的制作

1）在钢筋圈制作台上制作钢筋圈（箍筋）并按要求焊接。

2）钢筋笼成形，可用三种方法：

① 木卡板成形法。用 2～3cm 厚木板制成两块半圆卡板。按主筋位置，在卡板边缘凿出支托主钢筋的凹槽，槽深等于主筋直径的一半。制作钢筋笼时，每隔 3m 左右放一块卡板。把主筋放入凹槽，用绳扎好，再将螺旋筋或箍筋套入，并用铁丝将其与主筋绑扎牢固。然后，松开卡板与主筋的绑绳，卸去卡板，随即将主筋同螺旋筋或箍筋点焊，一般螺旋筋与主筋之间要求每一螺距内的焊点数不少于一个，相邻两焊点平面投影圆心角尽量接近 90° 以保证钢筋笼的刚度。卡板构造如图 4-16 所示。

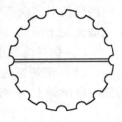

图 4-16　卡板构造

② 木支架成形法。木支架分为固定部分和活动部分，如图 4-17 所示。

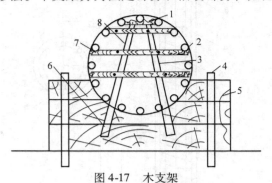

图 4-17　木支架

1—螺栓　2—箍筋　3—铁钉　4—主筋　5—横木条
6—固定支架　7—支柱　8—斜木条

上下两个半圆支架连在一起，构成一个圆形支架，按钢筋笼长度每隔 2m 设置一个，各支架应互相平行，圆心位于同一水平线上。

制作时，把主筋逐根放入凹槽，然后将箍筋根据设计位置放于骨架主筋外围，与主筋点焊连接后，将活动支架和固定支架的连接螺栓拆除，从钢筋笼两端抽出活动支架，即可取下整个钢筋笼，然后再绕焊螺旋筋。

③ 钢管支架成形法。如图 4-18 所示，根据箍筋间隔和位置将钢管支架和平杆放正、放平、放稳，在每圈箍筋上标出与主筋的焊接位置；按设计间距在平杆上放置两根主筋；按设计间距绑焊箍筋，并注意与主筋垂直；按箍筋上的标记点焊固定其余主筋；按规定螺距套入螺旋筋，绑焊牢固。

（4）钢筋笼的保护层设置　钢筋笼的保护层厚度以设计为准，设计没作规定时，可定为 50～70mm。

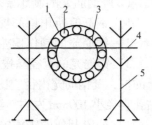

图 4-18　钢管支架成形法示意图

1—箍筋　2—主筋　3—螺旋筋
4—平杆　5—钢管支架

下放钢筋笼时，需确保钢筋笼中心与成孔中心重合，使钢筋笼四周保护层均匀一致，钢筋笼保护层的设置方法有：

1）绑扎混凝土预制垫块。混凝土预制垫块的尺寸为 150mm × 200mm × 80mm，垫块内应埋设铁丝，如图 4-19 所示。

2）焊接钢筋混凝土预制垫块。形状同绑扎混凝土预制垫块，不同的是在十字槽底部埋设一根直径为 6～8mm 的钢筋，以便能焊接在主筋或箍筋上。

3）焊接钢筋"耳朵"。如图 4-20 所示，钢筋"耳朵"用直径不小于 10mm 的钢筋弯制而成，长度不小于 150mm，高度不小于 80mm，焊接在钢筋笼主筋外侧。

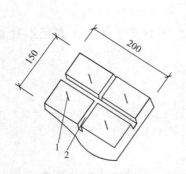

图 4-19　混凝土预制垫块

1—预埋铁丝　2—纵槽

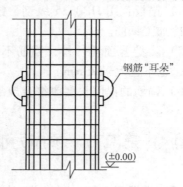

图 4-20　钢筋"耳朵"

18. 预埋件的制作与安装

（1）预埋件的形式与构造　预埋件是为了在构件上焊接其他构配件而在混凝土结构中预先埋设的金属加工件，由锚板和预埋件外锚筋组成，常用形式如图 4-21所示。

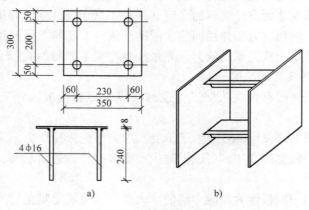

a)　　　　　　　　b)

图 4-21　预埋件

（2）操作要点

1）审图阶段要认真核对图样上锚固筋的位置，检查锚固筋是不是与构件各部位钢筋的位置有抵触，核对预埋件与其他预埋件的锚固筋有没有碰撞。

2）预埋件的锚固筋必须位于构件主筋内侧，这样才能使预埋件得到可靠的锚固。

3）对于用锚固件（锚固筋或锚固角钢）将两块钢板焊接而成的预埋件（见图4-21b），在绑扎钢筋骨架之前，应先将其安置在钢筋骨架的相应部位，形式较简单的预埋件可以在钢筋骨架绑扎完成后再将预埋件与骨架连接。

4）锚板宜用 HPB235 级钢，锚筋宜用 HPB235 级和 HRB335 级钢筋，不得采用冷加工钢筋。

5）除受剪预埋件外，锚筋不宜少于4根，不宜多于4排，直径不宜小于8mm，也不宜大于25mm。

6）锚筋的锚固长度应符合规范规定。

◇◇◇◇ 第二节　预应力钢筋施工

预应力混凝土的施工工艺，按施加预应力的时间可分为先张法和后张法两类；按张拉工艺可分为机械张拉法、电热张拉法和化学张拉法三类。后张法中按预应力传递方式可分为有粘接预应力和无粘结预应力两类。

一、先张法施工

1. 基本概念

先张法是指在浇筑混凝土之前张拉预应力钢筋，并临时固定在台座或钢模上，待混凝土强度达到设计规定的强度（一般不低于设计强度等级的70%）后，放张预应力筋，使预应力筋弹性回缩，借助于预应力筋与混凝土间的粘接传递预应力，使构件混凝土获得预压应力，先张法生产施工如图4-22所示。

2. 施工类别及适用范围

先张法施工一般有台线法施工（也称长线法）和模板法施工（也称机组流水法）两种。

台线法是用专门设计的台座墩子承受预应力筋的张拉反力，用台座的台面作为构件底模的一种生产方法，可以同时生产很多构件，适用于大、中、小型预应力混凝土构件。

模板法是利用模板作为预应力筋的承力架，以浇筑混凝土后的模板作为单元进行机组流水的一种生产方法，适用于工厂化大量生产，效率高。

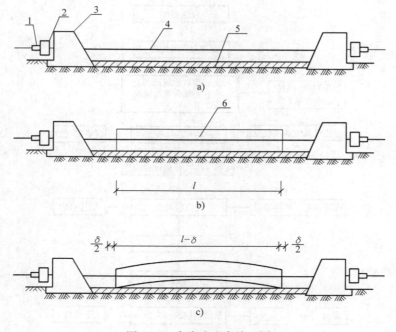

图 4-22　先张法生产施工图

a）预应力筋张拉时的情况　b）混凝土浇筑及养护时的情况

c）放松预应力筋后的情况

1—锚固夹具　2—横梁　3—台座承力结构

4—预应力筋　5—台面　6—混凝土构件

3. 先张法施工工艺流程

先张法施工工艺流程如图 4-23 所示。

4. 台座

先张法施工采用长线台座时，预应力筋的张拉、临时锚固和放张及混凝土构件的浇筑和养护均在台座上进行，预应力的张力由台座承受，台座必须具有足够的强度、刚度和稳定性。

台座由台面、横梁与承力结构组成。根据承力结构形式的不同，台座可分为墩式台座与槽式台座等。

（1）墩式台座　采用钢筋混凝土台墩作为承力结构的台座称为墩式台座，由台墩、台面与钢横梁等组成，如图 4-24 所示。

墩式台座主要用于生产中小型构件。台座长度一般为 100~150m，故又称长线台座。墩式台座可利用钢丝长的特点，在台座上张拉一次可生产多根构件，减少张拉和临时固定工作，同时又可减少由于预应力钢丝滑移或台座的横梁变形引起的预应力损失。

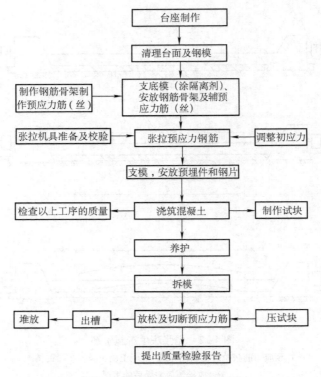

图 4-23　先张法施工工艺流程

　　台面是预应力构件成形的胎膜，一般是在素土夯实后的碎石垫层上，浇筑一层厚度为 60～100mm、强度等级为 C15～C20 的素混凝土形成的。台面要求平整、光滑，沿长度方向每隔 10m 左右设置一条伸缩缝，台面宽度一般为 2～3m。

　　台墩是墩式台座的主要承力结构，这种台座依靠台墩自重和土压力来平衡张拉力产生的倾覆力矩，因此台墩大，埋设深，不经济。为改善台墩受力状况，台墩要有外伸板部分，以增大平衡力臂，并采用使台墩与台面共同工作的做法，以减少台座的用料和埋深。

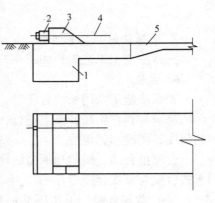

图 4-24　墩式台座
1—台墩　2—横梁　3—牛腿
4—预应力钢丝　5—台面（局部加厚）

　　当生产小型预应力构件时，由于张拉力和倾覆力矩都不大，可采用简易式台座，如图 4-25 所示。这种台座，卧梁与台面混凝土浇筑成整体，预应力钢丝的拉力可通过锚固在卧梁上的通长的角钢传递给混凝土台面（充分利用混凝土台面受力），台座每米宽度可承受的张拉力为 100～150kN。

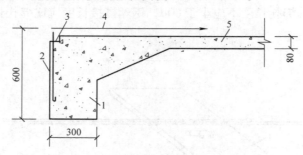

图 4-25 简易墩式台座
1—卧梁 2—预埋螺栓 3—角钢（∟75×75）
4—预应力钢丝 5—混凝土台面

（2）槽式台座 生产吊车梁等预应力混凝土构件时，由于张拉力和倾覆力矩都较大，通常多采用凹槽式台座，如图 4-26 所示。槽式台座由钢筋混凝土传力柱、台面和上下横梁等组成。钢筋混凝土传力柱是槽式台座主要承力结构，为便于装拆转移，通常可设计成装配式钢筋混凝土传力柱，每根长度为 5～6m。槽式台座长度应便于生产多种构件，一般为 45～76m（可生产 6～10 根长为 6m 的吊车梁）；为便于吊车梁的制作，台座宜低于地面。在传力柱上加砌砖墙，既起挡土作用，又便于构件加盖后进行蒸气养护。

此外，在施工现场也可利用预制好的钢筋混凝土柱、桩和基础梁等构件，装配成简易的槽式台座。

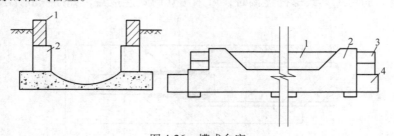

图 4-26 槽式台座
1—砖墙 2—钢筋混凝土传力柱 3—下横梁 4—上横梁

5. 预应力筋铺设

预应力钢丝和钢绞线下料，应采用砂轮切割机切割，不得采用电弧切割。

长线台座台面（或胎模）在铺设钢丝前应涂隔离剂。隔离剂不应沾污钢丝，以免影响钢丝与混凝土的粘接。如果预应力筋遭受污染，应使用适宜的溶剂清洗干净。在生产过程中，应防止雨水冲刷台面上的隔离剂。

预应力钢丝宜用牵引车铺设。如果钢丝需要接长，可借助于钢丝拼接器用 20～22 号铁丝密排绑扎，如图 4-27 所示。冷轧带肋钢筋的绑扎长度不应小于 45d，刻痕钢丝的绑扎长度不应小于 80d，钢丝搭接长度应比绑扎长度大 10d，其中 d 为钢丝直径。

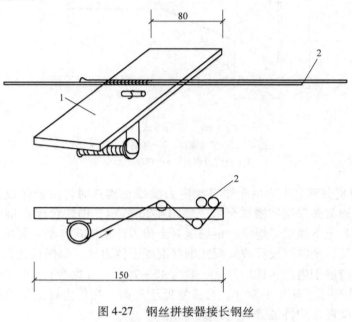

图 4-27　钢丝拼接器接长钢丝
1—拼接器　2—钢丝

预应力筋与工具式螺杆连接时，可采用套筒式连接器，如图4-28所示。

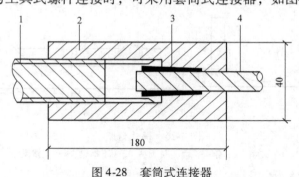

图 4-28　套筒式连接器
1—螺杆或精轧螺纹钢筋　2—套筒　3—工具式夹片　4—钢绞线

6. 预应力筋张拉

（1）预应力钢丝张拉

1）单根张拉：冷拔钢丝可在两横梁式长线台座上采用 10kN 电动螺杆张拉

机或电动卷扬张拉机单根张拉，弹簧测力计测力，锥销式夹具锚固，如图 4-29 所示。

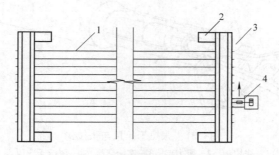

图 4-29　用电动卷扬张拉机张拉单根钢丝
1—冷拔钢丝　2—台墩　3—钢横梁　4—电动卷扬张拉机

刻痕钢丝可采用 20 ~ 30kN 电动卷扬张拉机单根张拉，优质锥销式夹具锚固。

2）整体张拉：在预制厂以机组流水法或传送带法生产预应力多孔板时，还可在钢模上用镦头梳筋板夹具整体张拉，如图 4-30 所示。钢丝两端镦粗，一端卡在固定梳筋板上，另一端卡在张拉端的活动梳筋板上，用张拉钩钩住活动梳筋板，再通过连接套筒将张拉钩和拉杆式千斤顶连接，即可张拉，如图 4-31 所示。

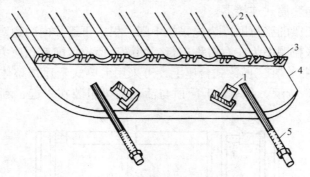

图 4-30　镦头梳筋板夹具
1—张拉钩槽口　2—钢丝　3—镦头　4—活动梳筋板　5—锚固螺杆

在两横梁式长线台座上生产刻痕钢丝配筋的预应力薄板时，钢丝两端采用单孔镦头锚具（工具锚）安装在台座两端钢横梁外的承压钢板上，利用设置在台墩与钢横梁之间的两台台座式千斤顶进行整体张拉。也可采用优质单根钢丝夹片式夹具代替镦头锚具，以便于施工。

当钢丝达到张拉力后，锁定台座式千斤顶，直到混凝土强度达到放张要求后，再放松千斤顶。

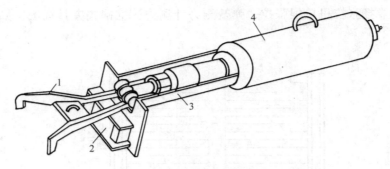

图 4-31　张拉千斤顶与张拉钩

1—张拉钩　2—承力架　3—连接套筒　4—张拉千斤顶

3）钢丝张拉程序：预应力钢丝由于张拉工作量大，宜采用一次张拉程序，即 $0 \rightarrow 1.03 \sim 1.05\sigma_{con}$ 锚固，其中，1.03～1.05 是考虑弹簧测力计的误差、温度影响、台座横梁或定位板刚度不足、台座长度不符合设计取值、工人操作影响等因素而取的系数。

（2）预应力钢绞线张拉

1）单根张拉：在两横梁式台座上，单根钢绞线可采用 YC20D 型千斤顶或 YDC240Q 型前卡式千斤顶张拉，单孔夹片工具锚固定。为了节约钢绞线，可采用工具式拉杆与套筒式连接器。

预制空心板梁的张拉顺序为先张拉中间一根，再逐步向两边对称进行。

预制梁的张拉顺序为左右对称进行，如梁顶预拉区配有预应力筋应先张拉。

2）整体张拉：在三横梁式台座上，可采用台座式千斤顶整体张拉预应力钢绞线，如图 4-32 所示。台座式千斤顶与活动横梁组装在一起，利用工具式螺杆

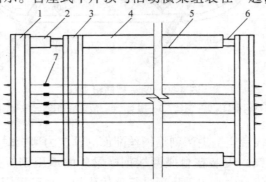

图 4-32　三横梁式成组张拉装置

1—活动横梁　2—千斤顶　3—固定横梁　4—槽式台座
5—预应力筋　6—放张装置　7—连接器

与连接器将钢绞线挂在活动横梁上。张拉前，宜采用小型千斤顶在固定端逐根调整钢绞线初应力；张拉时，台座式千斤顶推动活动横梁，带动钢绞线整体张拉，然后用夹片锚或螺母锚固在固定横梁上。为了节约钢绞线，其两端可再配置工具式螺杆与连接器。对预制构件较少的工程，可取消工具式螺杆，直接将钢绞线用夹片锚固在活动横梁上。若利用台座式千斤顶整体放张，则可取消固定端放张装置。在张拉端固定横梁与锚具之间加 U 形垫片，有利于钢绞线放张。

3）钢绞线张拉程序：采用低松弛钢绞线时，可采取一次张拉程序，对单根张拉为 $0 \rightarrow \sigma_{con}$ 锚固；对整体张拉为 $0 \rightarrow$ 初应力调整 $\rightarrow \sigma_{con}$ 锚固。

（3）预应力值校核　预应力钢绞线的张拉力，一般采用伸长值校核。张拉预应力筋的理论伸长值与实际伸长值的允许偏差为 ±6%。

预应力钢丝张拉时，伸长值不作校核。钢丝张拉锚固后，应采用钢丝内力测定仪检查钢丝的预应力值，其偏差不得大于或小于设计相应阶段规定预应力值的 5%。

图 4-33 所示是 2CN—1 型双控钢丝内力测定仪。使用该仪器时，将测钩勾住钢丝，扭转旋钮，待测头与钢丝接触，指示灯亮，此时即为挠度的起点（记下挠度表上读数）；继续扭转旋钮，在钢丝跨中施加横向力，将钢丝压弯，当挠度表上的读数表明钢丝挠度为 2mm 时，内力表上的读数即为钢丝的内力值（百分表上每 0.01mm 为 10N）。一根钢丝要反复测定 4 次，取后 3 次的平均值为钢丝内力。

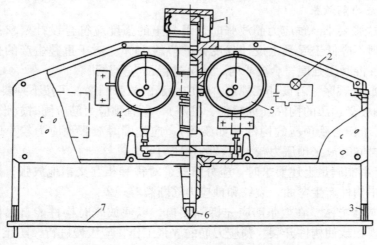

图 4-33　2CN—1 型双控钢丝内力测定仪
1—旋钮　2—指示灯　3—测钩　4—内力表
5—挠度表　6—测头　7—钢丝

预应力钢丝内力的检测，一般在张拉锚固后 1h 进行。此时，锚固损失已完成，钢筋松弛损失也部分产生。检测时预应力设计规定值应在设计图样上注明，当设计无规定时，可按表 4-2 取用。

表 4-2 钢丝预应力值检测时的设计规定值

张 拉 方 法		检 测 值
长线张拉		$0.94\sigma_{con}$
短线张拉	长 4m	$0.91\sigma_{con}$
	长 6m	$0.93\sigma_{con}$

（4）张拉注意事项

1）张拉时，张拉机具与预应力筋应在一条直线上；同时在台座面上每隔一定距离放一根圆钢筋头或相当于保护层厚度的其他垫块，以防预应力筋因自重下垂而破坏隔离剂，沾污预应力筋。

2）顶紧锚塞时，用力不要过猛，以防钢丝折断；在拧紧螺母时，应注意压力表读数应始终保持所需的张拉力。

3）预应力筋张拉完毕后，对设计位置的偏差不得大于 5mm，也不得大于构件截面最短边长的 4%。

4）在张拉过程中发生断丝或滑脱钢丝时，应予以更换。

5）台座两端应有防护设施。张拉时沿台座长度方向每隔 4～5m 放一个防护架，两端严禁站人，也不准进入台座。

7. 预应力筋放张

（1）放张要求　预应力筋放张时，混凝土的强度应符合设计要求；若设计无规定，则不应低于混凝土设计强度标准值的 75%。对于重叠生产的构件，当最上层构件混凝土强度符合要求时，才可进行预应力放张。

（2）放张顺序　若设计无规定，预应力筋的放张顺序，可按下列要求进行：

1）轴心受预压的构件（如拉杆、桩等），所有预应力筋应同时放张。

2）对于偏心受预压的构件（如梁等），应先同时放张预应力较小区域的预应力筋，再同时放张预压力较大区域的预应力筋。

3）若不能满足上述要求时，应分阶段、对称和相互交错地放张，以防止在放张过程中构件产生弯曲、裂纹和预应力筋断裂等现象。

（3）放张方法　在放张前应先拆除侧模，以便放张时构件能自由伸缩，否则会损坏模板或使构件开裂。预应力筋的放张工作，应缓慢进行，防止冲击。常用的放张方法有以下几种：

1）千斤顶放张。采用千斤顶逐根放张时，应拟定合理的放张顺序，并控制每一循环的放张吨位，以免构件在放张过程中受力不均匀，放张预应力筋引起的预应力增大而造成最后几根拉不动或拉断预应力筋。

在四横梁长线台座上，也可用台座式千斤顶推动拉力架逐步放大螺杆上的螺母，达到整体放张预应力筋的目的。

2）砂箱放张。砂箱装置由钢制的套箱和活塞组成，如图 4-34 所示，内装石英砂或铁砂，填充砂时应炒（烘）干且避免浸水，装砂量宜为砂箱长度的 1/5 ~ 1/3，砂箱放在台座与横梁之间。张拉预应力筋时，箱内砂被压实，承受横梁的反力。预应力筋放张时，将出砂口打开，使砂慢慢流出，从而使整批预应力筋徐徐放张。砂的级配应适宜，防止出现砂被压碎而流不出或砂的空隙率增大而使预应力损失增大。

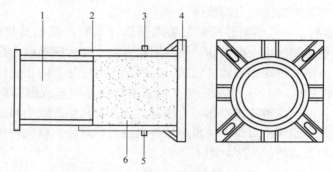

图 4-34　砂箱装置构造图
1—活塞　2—钢套箱　3—进砂口　4—钢套箱底板　5—出砂口　6—砂

施加预应力后，砂箱的压缩值若不大于 0.5mm，则预应力损失可略去不计。采用两台砂箱时，放张速度应力求一致，以免构件受扭损伤。采用砂箱放张，能控制放张速度，工作可靠，施工方便，可用于张拉力大于 1000kN 的预应力施工作业。

3）楔块放张。如图 4-35 所示，楔块装置放在台座与横梁之间。预应力筋放

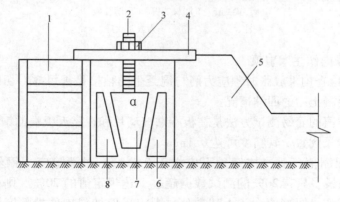

图 4-35　楔块放张
1—横梁　2—螺杆　3—螺母　4—承力板　5—台座　6、8—钢块　7—钢楔块

张时，旋转螺母使螺杆向上运动，带动楔块向上移动，钢块间距变小，横梁向台座方向移动，并同时放张预应力筋。

楔块坡角 α 应选择恰当。α 过大，则张拉时楔块容易滑出；α 过小，则放张时楔块不易拔出。α 角的正切值应略小于楔块与钢块的摩擦因数 μ，即

$$\tan\alpha \leqslant \mu$$

式中　μ——摩擦因数，取 0.15～0.2。

楔块放张，一般用于张拉力不大于 300kN 的情况。楔块装置如经专门设计，也可用于张拉力较大的预应力筋放张。

4）预热熔割。预热熔割即采用氧炔焰预热（熔断）粗钢筋放张。操作时，应先在烘烤区轮换加热每一根钢筋，使其同步升温，此时钢筋内力徐徐下降，外形慢慢伸长，待钢筋出现颈缩即可切断，此法操作时应注意防止烧伤构件。

5）断线钳块割。对采用先张法施工的板类构件的钢丝或细钢筋，放张时可直接用断线钳切割。此种方法操作时应注意，放张宜从生产线中间处开始，以减少回弹量且有利于脱模；对每一块板应从外向内对称放张，以免构件扭转而使端部开裂，放张预应力筋的次序如图 4-36 所示。

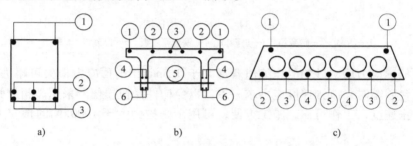

图 4-36　放张预应力筋次序

a）梁或檩　b）双 T 板　c）圆孔板

注：①、②、③……为放张次序。

（4）放张操作注意事项

1）为了检查构件放张时预应力筋与混凝土的粘接是否可靠，切断钢丝时应测定钢丝往混凝土内的回缩情况。

钢丝回缩值的简易测试方法是在板端贴玻璃片和在靠近板端的钢丝上贴胶带纸，用游标卡尺读数，其精度可达 0.1mm。

钢丝的回缩值：对冷拔钢丝不应大于 0.6mm，对消除应力钢丝不应大于 1.2mm。如果最多只有 20% 的测试数据超过上述规定值的 20%，则检查结果是令人满意的。如果回缩值大于上述数值，则应采取加强构件端部区域的分布钢筋、提高放张时混凝土强度等措施。

2）放张前，应拆除侧模，使放张时构件能自由压缩，否则将损坏模板或使构件开裂。对有横肋的构件（如大型屋面板），其端横肋内侧面与板面交接处应做出一定的坡度或做成大圆弧，以便预应力筋放张时端横肋能沿着坡面滑动，必要时在胎模与台面之间设置滚动支座。这样，在预应力筋放张时，构件与胎模可随着钢筋的回缩一起自由移动。

3）用氧炔焰切割时，应采取隔热措施，防止烧伤构件端部的混凝土。

二、后张法施工

后张法施工是指先浇混凝土构件，然后直接在构件上张拉预应力钢筋的一种施工方法。构件或块体制作时，在安置预应力筋的部位预留孔道，待混凝土达到规定的设计强度后，在孔道中穿入预应力钢筋并张拉到设计控制应力，并用锚具锚固在构件端部，最后进行孔道灌浆。

1. 施工类别及适用范围

（1）类别　有粘接后张法（预留孔道）和无粘结电热法，其中有粘接后张法包括抽管成孔法和预埋管法。

（2）实用范围　适用于大、中型工业与民用建筑构件、桥梁、水工构件和现浇预应力混凝土结构。

有粘接预应力施工过程：混凝土构件或结构制作时，在预应力筋部位预先留设孔道，然后浇筑混凝土并进行养护；制作预应力筋并将其穿入孔道；待混凝土达到设计要求的强度后，张拉预应力筋并用锚具锚固；最后进行孔道灌浆与封锚。这种施工方法通过孔道灌浆，使预应力筋与混凝土相互粘接，减少了锚具传递预应力的作用，提高了锚固可靠性与耐久性，广泛用于主要承重构件或结构。

无粘结预应力施工过程：混凝土构件或结构制作时，预先铺设无粘结预应力筋，然后浇筑混凝土并进行养护；待混凝土达到设计要求的强度后，张拉预应力筋并用锚具锚固；最后进行封锚。这种施工方法不需要留孔灌浆，施工方便，但预应力只能永久地靠锚具传递给混凝土，宜用于分散配置预应力筋的楼板与墙板、次梁及低预应力度的主梁等。

2. 施工工艺流程

后张法有粘接预应力施工工艺流程如图4-37所示。

3. 张拉设备

要顺利完成预应力筋的张拉工作，必须有配套的张拉机具和设备，主要由液压千斤顶、高压油泵和油管三部分组成。工地上常用的液压千斤顶有拉杆式（YL）、穿心式（YC）和锥锚式（YZ）三种，其额定张拉力为180～5000kN，可根据预应力筋的张拉力和采用的锚具形式选用。

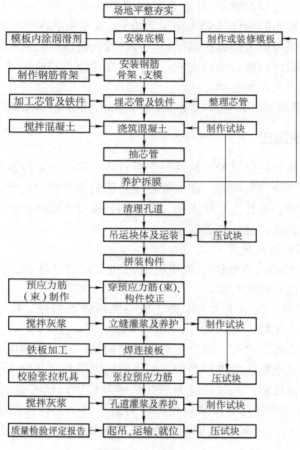

图 4-37　后张法有粘接预应力施工工艺流程

4. 预应力筋制作

（1）预应力筋（束）制作

1）单根预应力钢筋的制作一般包括配件、对焊、冷拉等工序。

单根预应力钢筋的下料长度，应由计算确定。为了保证预应力筋下料长度有一定的精度，对其冷拉率必须先行测定，作为计算预应力筋下料长度的依据。预应力筋冷拉后弹性回缩率也须经试验确定，一般为 0.3%。普通低合金钢筋的对焊多采用闪光对焊，钢丝、钢绞线则无需对焊。

2）钢筋束、钢绞线束预应力筋和预应力钢筋束的钢筋一般呈圆盘状供应，其制作包括开盘冷拉、下料和编束等工序。

预应力钢丝束在张拉前须经预拉。预应力钢筋束或钢绞线的编束，一定要保证穿入构件孔道的束不会发生扭结，一般对其束理顺后，用铁丝每隔 1m 左右绑扎，形成束状待用。预应力钢筋束或钢绞线的下料长度，应由计算确定。钢绞线、钢丝束下料采用砂轮切割机或液压切割机切割，不得采用电焊、气割设备切割。

（2）预应力钢丝束的制作　一般包括调直、下料编束和安装锚具等工序。

预应力钢丝束下料长度，应由计算确定，并应主要控制其等长下料，同束钢丝下料长度的误差应控制在 $L/5000$（L 为钢丝下料长度）以内，但不得大于 5mm。为保证成束的预应力筋在穿孔或张拉时不致紊乱，应逐根理顺，捆扎成束。

（3）张拉机具准备与校验　应根据下列原则准备好张拉设备：

1）构件特点。

2）已确定的预应力筋（束）。

3）已选定的锚（夹）具类型。

4）预应力筋的张拉大小等。

预拉设备包括液压千斤顶、高压油泵和油压表，编号配套进行校验。

校验的主要内容一般是控制张拉力和超张拉力相应的油压表读数和油压千斤顶，高压油泵和油压表、连接管道等试车检查的运转情况，一旦发生问题要及时处理好后，才可使用。

5. 预留孔道

（1）预应力筋孔道布置：预应力筋孔道形状有直线、曲线和折线三种类型，其曲线坐标应符合设计图样要求。

1）孔道直径和间距。预留孔道的直径，应根据预应力筋根数、曲线孔道形状和长度、穿筋难易程度等因素确定。孔道内径应比预应力筋与连接器外径大 10~15mm，孔道面积宜为预应力筋净面积的 3~4 倍。

预应力筋孔道的间距与保护层厚度应符合下列规定：

① 对预制构件，孔道的水平净间距不宜小于 50mm，孔道至构件边缘的净间距不应小于 30mm，且不应小于孔道直径的一半。

② 在框架梁中，预留孔道垂直方向净间距不应小于孔道外径，水平方向净间距不宜小于 1.5 倍孔道外径；从孔壁算起的混凝土最小保护层厚度，梁底为 50mm，梁侧为 40mm，板底为 30mm。

2）钢绞线束端锚头排列。钢绞线束夹片锚固体系锚垫板排列如图 4-38 所示。

图 4-38 中 B 为凹槽底部加宽部分，参照千斤顶外径确定；A 为锚垫板边长；E 为锚板厚度。

相邻锚具的中心距为　　　　$a \geqslant D + 20mm$

锚垫板中心距构件边缘的距离为　$b \geqslant D/2 + C$

式中　D——螺旋筋直径（mm），当螺旋筋直径小于锚垫板边长时，按锚垫板边
　　　　　长取值；

　　　　C——保护层厚度（mm），最小为30mm。

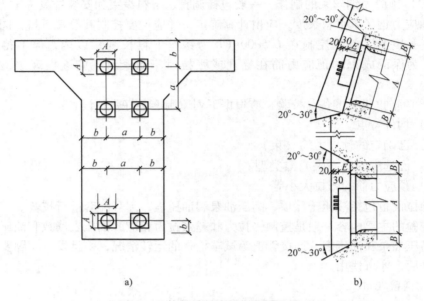

a)　　　　　　　　　　　　　　　b)

图 4-38　构件端部多孔夹片锚具排列

a）锚具排列　b）凹槽尺寸

　　3）钢丝束端锚头排列。钢丝束镦头锚具的张拉端需要扩孔，扩孔直径为锚
杯外径 +6mm。

　　孔道间距 S，主要根据螺母直径 D_1 和锚板直径 D_2 确定。

　　一端张拉时：　　　　　　　　$S \geqslant （D_1 + D_2）/2 + 5mm$

　　两端张拉时：　　　　　　　　　　$S \geqslant D_1 + 5mm$

　　扩孔长度 l，主要根据钢丝束伸长值 Δl 和穿束后另一端镦头时能抽出 300 ~
450mm 操作长度确定。

　　一端张拉时　　　　　　$l_1 \geqslant \Delta l + 0.5H + （300 ~ 450）mm$

　　两端张拉时　　　　　　　　$l_2 \geqslant 0.5（\Delta l + H）$

式中　H——锚杯高度（mm）。

　　钢丝束镦头锚固体系端部扩大孔布置如图 4-39 所示。采用一端张拉时，张
拉端交错布置，以便两束同时张拉，并可避免端部削弱过多，也可减少孔道间
距；采用两端张拉时，主张拉端也应交错布置。

　　（2）预埋金属螺旋管留孔

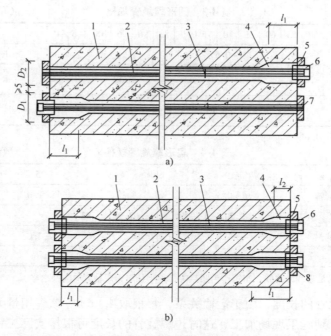

图 4-39 钢丝束镦头锚固体系端部扩大孔布置

a) 一端张拉 b) 两端张拉

1—构件 2—中间孔道 3—钢丝束 4—端部扩大孔

5—螺母 6—锚杯 7—锚板 8—主张拉端

1) 金属螺旋管分类与规格。金属螺旋管又称波纹管,是用冷轧钢带或镀锌钢带在卷管机上压后螺旋咬合而成。按照相邻咬合之间的凸出部分(即波纹)的数目分为单波纹和双波纹;按照截面形状分为圆形和扁形;按照径向刚度分为标准型和增强型;按照钢带表面状况分为镀锌螺旋管和不镀锌螺旋管。图 4-40所示为几种常见的金属螺旋管。

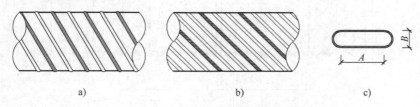

a) b) c)

图 4-40 金属螺旋管

a) 圆形单波纹 b) 圆形双波纹 c) 扁形

圆形螺旋管和扁形螺旋管的规格分别见表 4-3 和表 4-4。波纹高度单波为2.5mm,双波为 3.5mm。

表 4-3　圆形螺旋管规格　　　　　　　（单位：mm）

管内径	40	45	50	55	60	65	70	75	80	85	90	95	100	105	110	115	120
允许偏差		+0.5												+1.0			
钢带厚度 标准型	0.25					0.30											
钢带厚度 增强型				0.40						0.50							

表 4-4　扁形螺旋管规格　　　　　　　（单位：mm）

短轴	长度 B	19			25		
	允许偏差	+0.5			+1.0		
长轴	长度 A	57	70	84	67	83	99
	允许偏差	±1.0			±2.0		
钢带厚度		0.30					

注：短边可以是直线或曲线，当短边为圆弧时，其半径应为短轴方向内径之半。

　　金属螺旋管的长度，由于运输关系，每根取 4～6m。该管用量大时，生产厂也可带卷管机到施工现场加工，这时，螺旋管的长度可根据实际工程需要确定。

　　标准型圆形螺旋管用途最广；扁形螺旋管仅用于板类构件；增强型螺旋管可代替钢管用于竖向预应力筋孔道或核电站安全壳等特殊工程；镀锌螺旋管可用于有腐蚀性介质的环境或使用期较长的情况。

　　2）金属螺旋管的连接与安装。金属螺旋管的连接采用大一号同型螺旋管。接头管的长度为 200～300mm，其两端用密封胶带或塑料热缩管封裹，如图 4-41 所示。

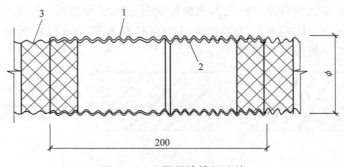

图 4-41　金属螺旋管的连接
1—螺旋管　2—接头管　3—密封胶带

　　金属螺旋管安装时，应事先按设计图中预应力筋的曲线坐标在箍筋上定出曲线位置。金属螺旋管的固定应采用钢筋支托，如图 4-42 所示，其间距为 0.8～

1.2m。钢筋支托应焊在箍筋上，箍筋底部应垫实。螺旋管固定后，必须用铁丝扎牢，以防浇筑混凝土时螺旋管上浮而引起严重的质量事故。

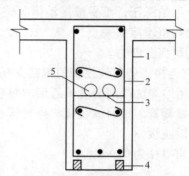

图 4-42　金属螺旋管的固定
1—梁侧模　2—箍筋　3—钢筋支托　4—垫块　5—螺旋管

金属螺旋管安装就位过程中，应尽量避免反复弯曲，以防管壁开裂。同时，还应防止焊接火花烧伤管壁。

（3）预埋塑料波纹管留孔

1）塑料波纹管规格与优点。塑料波纹管是近几年从国外引进的，SBG 型塑料波纹管规格见表 4-5 和表 4-6。

表 4-5　SBG 型塑料波纹圆管规格

内径/mm	外径/mm	壁厚/mm	适　　用
50	61	2	3～5s
70	81	2	6～9s
85	99	2	10～14s
100	114	2	15～22s
130	145	2.5	23～37s
140	155	3	38～43s
160	175	3	44～55s

注：s 为 ϕ^s15.2 钢绞线。

表 4-6　SBG 型塑料波纹扁管规格

内长轴/mm	内短轴/mm	壁厚/mm	适　　用
46	20	2	2s
60	20	2	3s
72	23	2.5	4s
90	23	2.5	5s

注：s 为 ϕ^s15.2 钢绞线。

SBG 塑料波纹管用于预应力筋孔道，具有以下优点：

① 提高预应力筋的防腐保护，可防止氯离子侵入而产生的电腐蚀。

② 不导电，可防止杂散电流腐蚀。

③ 密封性好，预应力筋不生锈。

④ 强度高，刚度大，不怕踩压，不易被振动棒凿破。

⑤ 减小张拉过程中的孔道摩擦损失。

⑥ 提高了预应力筋的耐疲劳能力。

2）塑料波纹管安装与连接。塑料波纹管的钢筋支托间距应不大于0.8m。

塑料波纹管接长，采用熔焊法或高密度聚乙烯塑料套管。塑料波纹管与锚垫板连接，采用高密度聚乙烯套管。塑料波纹管与排气管连接，在波纹管上热熔排气孔，然后用塑料弧形压板连接。

塑料波纹管的最小弯曲半径为0.9m。

（4）抽拔芯管留孔

1）钢管抽芯法。钢管抽芯法是在制作后张法预应力混凝土构件时，在预应力筋位置预先埋设钢管，待混凝土初凝后再将钢管旋转抽出的留孔方法。为防止在浇筑混凝土时钢管产生位移，每隔1.0m用钢筋井字架固定牢靠。钢管接头处可用长度为300~400mm的铁皮套管连接。在混凝土浇筑后，每隔一定时间慢慢转动钢管，使之不与混凝土粘接；待混凝土初凝后、终凝前抽出钢管，即形成孔槽。钢管抽芯法仅适用于留设直线孔槽。

2）胶管抽芯法。胶管抽芯法是在制作后张法预应力混凝土构件时，在预应力筋的位置处预先埋设胶管，待混凝土结硬后再将胶管抽出的留孔方法。一般采用5~7层帆布胶管。为防止在浇筑混凝土时胶管产生位移，直线段每隔600mm用钢筋井字架固定牢靠，曲线段应适当加密。胶管两端应有密封装置。在浇筑混凝土前，胶管内充入压力为0.6~0.8MPa的压缩空气或压力水，管径增大约3mm。待浇筑的混凝土初凝后，放出压缩空气或压力水，管径缩小，混凝土脱开，随即拔出胶管。胶管抽芯法适用于留设直线与曲线孔道。

（5）灌浆孔、排气孔和泌水管：在预应力筋孔道两端，应设置灌浆孔和排气孔。灌浆孔可设置在锚垫板上或利用灌浆管引至构件外，对抽芯成形孔道其间距不宜大于12m，孔径应能保证浆液畅通，一般不宜小于20mm。

曲线预应力筋孔道的每个波峰处，应设置泌水管。泌水管伸出梁面的高度不宜小于0.5m，泌水管也可兼作灌浆孔用。

灌浆孔的做法，对一般预制构件，可采用木塞留孔。木塞应抵紧钢管、胶管或螺旋管，并应固定，严防混凝土振捣时脱开，如图4-43所示。在现浇预应力结构金属螺旋管上留灌浆孔，其做法是在螺旋管上开口，用带嘴的塑料弧形压板与海绵垫片覆盖并用铁丝扎牢，再接增强塑料管（外径20mm，内径16mm），如图4-44所示。为保证留孔质量，金属螺旋管上可先不开孔，在外接塑料管内插一根钢筋；待孔道灌浆前，再用钢筋打穿螺旋管。

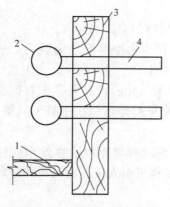

图 4-43 用木塞留灌浆孔
1—底模 2—抽芯管 3—侧模
4—φ20mm 木塞

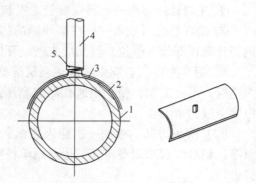

图 4-44 金属螺旋管上留灌浆孔
1—螺旋管 2—海绵垫 3—塑料弧形压板
4—塑料管 5—铁丝扎紧

（6）预留孔道质量要求

1）预留孔道的规格、数量、位置和形状应符合设计要求。

2）预留孔道的定位应牢固，浇筑混凝土时不应出现移位和变形。

3）孔道应平顺，端部的预埋锚垫板应垂直于孔道中心线。

4）成孔用管道应密封良好，接头应严密且不得漏浆。

5）在曲线孔道的波峰部位应设置泌水管，灌浆孔与泌水管的孔径应能保证浆液畅通，排气孔不得遗漏或堵塞。

6）曲线孔道控制点的竖向位置偏差应符合表 4-7 的规定。

表 4-7 曲线孔道控制点的竖向位置允许偏差 （单位：mm）

截面高（厚）度	$h < 300$	$300 \leq h \leq 1500$	$h > 1500$
允许偏差	±5	±10	±15

6. 预应力筋穿入孔道

预应力筋穿入孔道，简称穿束。穿束需要解决两个问题：穿束时机与穿束方法。

（1）穿束时机 根据穿束与浇筑混凝土之间的先后关系，可分为先穿束和后穿束两种。

1）先穿束法。先穿束法即在浇筑混凝土之前穿束。此法穿束省力，但穿束占用工期，束的自重引起的波纹管摆动会增大摩擦损失，束端保护不当易生锈。按穿束与预埋波纹管之间的配合，又可分为以下三种情况：

① 先穿束后装管——将预应力筋先穿入钢筋骨架内，然后将螺旋管逐节从

两端套入并连接。

② 先装管后穿束——将螺旋管先安装就位，然后将预应力筋穿入。

③ 二者组装后放入——在梁外侧的脚手架上将预应力筋与套管组装后，从钢筋骨架顶部放入就位，箍筋应先做成开口箍，再封闭。

2）后穿束法。后穿束法即在浇筑混凝土之后穿束。此法可在混凝土养护期内进行，不占工期，便于用通孔器或高压水通孔，穿束后即行张拉，易于防锈，但穿束较为费力。

（2）穿束方法　根据一次穿入数量，可分为整束穿和单根穿。钢丝束应整束穿；钢绞线宜采用整束穿，也可用单根穿。穿束工作可由人工、卷扬机和穿束机进行。

1）人工穿束。人工穿束可利用起重设备将预应力筋吊起，工人站在脚手架上逐步穿入孔内。束的前端应扎紧并裹胶布，以便能顺利通过孔道。对多波曲线束，宜采用特制的牵引头，工人在前头牵引，后头推送，用对讲机保持前后两端同时出现。对长度不大于60m的曲线束，人工穿束方便。

对束长60~80m的钢绞线，也可采用人工穿束，但在梁的中部留设约3m长的穿束助力段。助力段的波纹管应加大一号，在穿束前套接在原波纹管上留出穿束空间，待钢绞线穿入后再将助力段波纹管旋出接通，该范围内的箍筋暂缓绑扎。

2）用卷扬机穿束。对束长大于80m的预应力筋，应采用卷扬机穿束。钢绞线与钢丝绳间用特制的牵引头连接，每次牵引2~3根钢绞线，穿束速度快。

卷扬机宜采用慢速，每分钟约10m，电动机功率为1.5~2.0kW。

3）用穿束机穿束。用穿束机穿束适用于大型桥梁与构筑物单根穿钢绞线的情况。穿束机有两种类型：一是由液压泵驱动链板夹持钢绞线传送，如图4-45

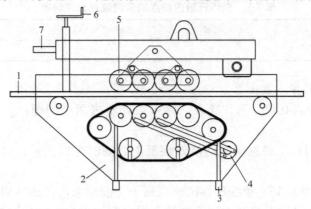

图 4-45　穿束机的构造简图

1—钢绞线　2—链板　3—链板扳手　4—油泵　5—压紧轮　6—扳手　7—拉臂

所示，速度可任意调节，穿束可进可退，使用方便；二是由电动机经减速箱减速后由两对滚轮夹持钢绞线传送，进退由电动机正反转控制。穿束时，钢绞线前头应套上一个子弹头形壳帽。

7. 预应力筋张拉与锚固

（1）准备工作

1）块体拼装。后张法构件如分段制作，则在张拉前应进行拼装。块体的拼装，应符合下列要求：

① 混凝土强度应符合设计要求，若设计无要求时，不应低于设计强度的 75%。

② 块体的纵轴线应对准，其直线偏差不得大于 3mm；立缝宽度偏差不得超过 +10mm 或 −5mm，最小宽度不得小于 10mm。

③ 拼装面的孔道端部应插入一段 100~150mm 长的铁皮管（管径略小于孔径），以防止灌竖缝的灰浆进入预留孔道。

④ 灌浆的细石混凝土或砂浆的强度应符合设计要求；灌缝应密实；承受预拉的立缝，宜在预应力筋张拉后灌缝。

⑤ 承受预拉的连接板应在张拉前焊牢；承受预压的连接板，宜在预应力筋张拉后焊接。

2）混凝土强度检验。预应力筋张拉前，应提供构件混凝土的强度试压报告。当混凝土的立方体强度满足设计要求后，方可施加预应力。施加预应力时构件的混凝土强度应在设计图样上标明；若设计无要求时，不应低于设计强度的 75%。立缝处混凝土或砂浆强度若设计无要求时，不应低于块体混凝土设计强度的 40%，且不得低于 15MPa。后张法构件为了搬运等需要，可提前施加一部分预应力使梁体建立较低的预压应力，足以承受自重荷载，但混凝土的立方体强度不应低于设计强度的 60%。

3）构件端头清理。构件端部预埋钢板与锚具接触处的焊渣、毛刺、混凝土残渣应清除干净。

4）张拉操作台搭设。高空张拉预应力筋时，应搭设可靠的操作平台。张拉操作平台应能承受操作人员与张拉设备的重量，并装有防护栏杆。为了减轻操作平台的负荷，张拉设备应尽量移至靠近的楼板上，无关人员不得停留在操作平台上。

5）安装锚具与张拉设备。锚具进场后应经检验合格后方可使用；张拉设备应事先配套标定。

① 钢绞线束夹片锚固体系：安装锚具时应注意工作锚环或锚板对中，夹片均匀打紧并外露一致；千斤顶上的工具锚孔位与构件端部工作锚的孔位排列要一致，以防钢绞线在千斤顶穿心孔内打叉。

② 钢丝束锥形锚固体系：由于钢丝沿锚环周边排列且紧靠孔壁，因此安装钢质锥形锚具时必须严格对中，钢丝在锚环周边应分布均匀。

③ 钢丝束镦头锚固体系：由于穿束关系，其中一端锚具要后装并进行镦头，配套的工具式拉杆与连接套筒应事先准备好；此外，还应检查千斤顶的撑脚是否适用。

安装张拉设备时，对直线预应力筋，应使张拉力作用线与孔道中心线重合；对曲线预应力筋，应使张拉的作用线与孔道中心线末端的切线重合。

（2）预应力筋张拉方式　根据预应力混凝土的结构特点、预应力筋形状与长度以及施工方法的不同，预应力筋张拉方式有以下几种：

1）一端张拉方式。张拉设备放置在预应力筋一端的方式，适用于长度 $L \leqslant 30m$ 的直线预应力筋与锚固损失影响长度 $L_f \geqslant L/2$ 的曲线预应力筋。

2）两端张拉方式。张拉设备放置在预应力筋两端的张拉方式，适用长度 $L > 30m$ 的直线预应力筋与锚固损失影响长度 $L_f < L/2$ 的曲预应力筋。

3）分批张拉方式。对配有多束预应力筋的构件或结构分批进行张拉的方式。由于后批预应力筋张拉所产生的混凝土弹性压缩会对先批张拉的预应力筋造成预应力损失，所以先批张拉的预应力筋张拉力应加上该弹性压缩损失值或将弹性压缩损失平均值统一增加到每根预应力筋的张拉力内。

4）分段张拉方式。在多跨连续梁板分段施工时，对统长的预应力筋采取逐段张拉的方式。对大跨度多跨连续梁，在第一段混凝土浇筑与预应力筋张拉锚固后，第二段预应力筋利用锚头连接器接长，以形成统长的预应力筋。

5）分阶段张拉方式。在后张传力梁等结构中，为了平衡各阶段的荷载，常采用分阶段逐步施加预应力的方式。分阶段张拉方式所加荷载不只是外载（如楼层重量），也包括由内部体积变化（如弹性缩短、收缩与徐变）产生的荷载，梁的跨中处下部与上部纤维应力应控制在容许范围内。这种张拉方式具有应力、挠度与反拱容易控制、材料省等优点。

6）补偿张拉方式。在早期预应力损失基本完成后，再进行张拉的方式。采用这种补偿张拉，可克服弹性压缩损失，减少钢材应力松弛损失、混凝土收缩徐变损失等，以达到预期的预应力效果。

（3）预应力筋张拉顺序　预应力筋张拉时，应使混凝土不产生超应力、构件不发生扭转与侧弯、结构不变位等，因此，对称张拉是一项重要原则。同时，还应考虑要尽量减少张拉设备的移动次数。

图 4-46 所示为预应力混凝土屋架下弦杆钢丝束的张拉顺序。钢丝束的长度不大于 30m，采用一端张拉方式。预应力筋为 2 束时，用两台千斤顶分别设置在构件两端，对称张拉，一次完成；预应力筋为 4 束时，需要分两批张拉，用两台千斤顶分别张拉对角线上的 2 束，然后张拉另外 2 束，由于分别张拉引起的损

失，统一增加到张拉力内。

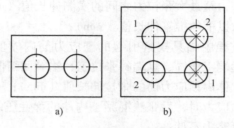

图 4-46　屋架下弦杆预应力筋张拉顺序

a）2 束　b）4 束

注：图中 1、2 表示预应力筋分批张拉顺序。

图 4-47 所示为双跨预应力混凝土框架梁钢绞线束的张拉顺序。钢绞线束为双跨曲线筋，长度达 40m，采用两端张拉方式。图中 4 束钢绞线分为两批张拉，两台千斤顶分别设置在梁的两端，按左右对称各张拉 1 束，待两批 4 束均在一端张拉后，再分批在另端补张拉。这种张拉顺序，还可减少先张拉预应力筋的弹性压缩损失。

（4）平卧式重叠构件张拉　后张法预应力混凝土屋架等构件一般在施工现场平卧重叠制作，重叠层数为 3～4 层，其张拉顺序宜先上后下逐层进行。为了减少上下层之间因摩擦引起的预应力损失，可逐层加大拉力。

图 4-47　框架梁预应力筋的张拉顺序

注：图中 1、2 表示预应力筋分批张拉顺序。

（5）张拉操作程序　预应力的张拉操作程序，主要根据构件类型、张拉锚固体系、松弛损失等因素确定。

1）采用低松弛钢丝和钢绞线时，张拉操作程序为 $0 \rightarrow P_j$ 锚固。

2）采用普通松弛预应力筋时，镦头锚具等可卸载锚具的张拉操作程序为 $0 \xrightarrow{\text{持荷 2min}} 1.05P_j \xrightarrow{\text{持荷 2min}}$ 锚固；夹片锚具等不可卸载锚具的张拉操作程序为 $0 \rightarrow 1.03P_j$ 锚固。

当预应力筋长度较大、千斤顶张拉行程不够时，应分级张拉、分级锚固，后一级的初始油压为前一级的最终油压。

预应力筋张拉到规定油压后，持荷复验伸长值，合格后进行锚固。

（6）张拉伸长值校核　预应力筋张拉时，通过伸长值的校核，可以综合反映张拉力是否足够、孔道摩阻损失是否偏大、预应力筋是否有异常现象等。因此，对张拉伸长值的校核，要引起重视。

预应力筋张拉伸长值的量测，应在建立初应力之后进行，其实际伸长值 ΔL 为

$$\Delta L = \Delta L_1 + \Delta L_2 - A - B - C$$

式中　ΔL_1——从初应力至最大张拉力之间的实测伸长值（mm）；

　　　ΔL_2——初应力以下的推算伸长值（mm）；

　　　A——张拉过程中锚具楔紧引起的预应力筋内缩值（mm），包括工具锚、远端工作锚、远端补张拉工具锚等回缩值；

　　　B——千斤顶体内预应力筋的张拉伸长值（mm）；

　　　C——施加预应力时，后张法混凝土构件的弹性压缩值（mm），其值微小时可略去不计。

（7）张拉注意事项

1）在预应力作业中，必须特别注意安全。预应力持有很大的能量，万一预应力筋被拉断或锚具与张拉千斤顶失效，巨大能量急剧释放，有可能造成很大危害。因此，在任何情况下作业人员都不得站在预应力筋的两端，同时在张拉千斤顶的后面应设立防护装置。

2）操作千斤顶和测量伸长值的人员，应站在千斤顶侧面操作，严格遵守操作规程。液压泵开动过程中，不得擅自离开岗位；如需离开，必须把油阀门全部松开或切断电路。

3）张拉时应认真做到孔道、锚环与千斤顶三对中，以便张拉工作顺利进行，并且不增加孔道摩擦损失。

4）采用锥锚式千斤顶张拉钢丝束时，先使千斤顶张拉缸进油，至压力表略有起动时暂停，检查每根钢丝的松紧并进行调整，然后再打紧楔块。

5）钢丝束镦头锚固体系在张拉过程中应随时拧上螺母，以策安全；锚固时如遇钢丝束偏长或偏短，应增加螺母或用连接器解决。

6）工具锚夹片应注意保持清洁和良好的润滑状态。新的工具锚夹片使用前，应在夹片背面涂上润滑剂，以后每使用 5~10 次，应将工具锚上的夹片卸下，向锚板的锥形孔中重新涂上一层润滑剂，以防夹片在退楔时卡住。润滑剂可采用石墨、二硫化钼、石蜡或专用退锚灵等。

7）多根钢绞线束夹片锚固体系若遇到个别钢绞线滑移，可更换夹片，用小型千斤顶单根张拉。

8）在预应力筋张拉通知单中，应写明张拉构件名称、张拉力、张拉伸长值、张拉千斤顶与压力表编号、各级张拉力的压力表读数以及张拉顺序与方法等说明，以保证张拉质量。

9）张拉顺序应使构件或结构的受力均匀。

10）张拉工艺应使同一束中各根预应力筋的应力比较均匀。

11）预应力筋张拉伸长实测值与计算值的偏差应不大于 ±6%。

12）预应力筋张拉时，发生断裂或滑脱的数量严禁超过同一截面预应力筋总根数的3%，且每束钢丝不得超过一根；对多跨双向连续板，其同一截面应按每跨计算。

13）锚固时张拉端预应力筋的内缩量，应符合设计要求。

14）预应力筋锚固时，夹片缝隙均匀，外露一致（一般为2~3mm）。

8. 孔道灌浆

预应力筋张拉后，孔道应尽早灌浆，以免预应力筋锈蚀。

（1）灌浆材料与设备要求 孔道灌浆一般采用水泥浆，水泥应采用普通硅酸盐水泥，配制的水泥浆或砂浆强度均不应低于30MPa，水灰比一般宜为0.4~0.45，可掺入适量膨胀剂。

灌浆可采用电动或手动灌浆泵，不得使用压缩空气。灌浆用的设备包括灰浆搅拌机、灌浆泵、储浆桶、过滤器、橡胶管和喷浆嘴。灌浆嘴必须接上阀门，以保证安全并节省灰浆。橡胶管宜用带5~7层帆布夹层的厚胶管。

（2）灌浆工艺要求 灌浆前，首先要进行机具准备和试车，对孔道应进行检查，若有积水应排除干净。灌浆时宜先灌注下层孔道，后灌注上层孔道。灌浆工作应缓慢均匀地进行，不得中断，并应排气通顺。灌浆操作时，灰浆泵压力取为0.4~1.0MPa，孔道较长或输浆管较长时宜大些，反之可小些。灌浆进行到排气孔冒出浓浆时，即可堵塞此处的排气孔，再继续加压至0.5~0.6MPa，稳压一定时间后再封闭灌浆孔。

对于曲线孔道，灌浆口应设在低点处，这样可使孔道内的空气、水从泌水管中排出，保证灌浆质量；但应注意不要将灌浆口设在孔道的最低处，因为预应力筋张拉后会向上抬起，贴近灌浆口，使水泥浆难以灌入，应将灌浆口设置在稍微偏离孔道的正上方，避开预应力筋，使灌浆工作顺利进行。

（3）灌浆口的间距 对于预埋金属螺旋管不宜大于30m，抽芯成形孔道不宜大于12m。

对于一条孔道，必须在一个灌浆口一次把整个孔道灌满，才能保证孔道灌浆饱满密实。若在施工中孔道堵塞，必须更换灌浆口时，则必须在第二个灌浆口内灌入整个孔道的水泥浆量，把第一次灌入的水泥浆全部排出，才能保证灌浆质量。

凡是制作时需要预先起拱的后张法构件，预留孔道也应随构件同时起拱。

灌浆应缓慢均匀地进行。比较集中和邻近的孔道，应尽量连续灌浆，以免窜到邻孔的水泥浆凝固、堵塞孔道。不能连续灌浆时，后灌浆的孔道应在灌浆前用压力水冲洗通畅。

（4）灌浆质量要求

1）灌浆用水泥浆的配合比应通过试验确定，施工中不得任意更改。每次灌浆作业至少测试两次水泥浆的流动度，测定值应在规定的范围内。

2）灌浆试块采用 7.07cm³ 的立方体试模制作，经标准养护 28d 后的抗压强度不应低于 30MPa。移动构件或拆除底模时，水泥浆试块强度不应低于 15MPa。

3）孔道灌浆后，应检查孔道上凸部位灌浆的密实性；如有空隙，应采取人工补浆措施。

4）对孔道阻塞或孔道灌浆密实情况有疑问时，可局部凿开或钻孔检查，但以不损坏结构为前提，否则应采取加固措施。

5）灌浆后的孔道泌水孔、灌浆孔、排气孔等均应切平，并用砂浆填实补平。

6）锚具封闭后与周边混凝土之间不得有裂纹。

9. 无粘结法施工

（1）**基本概念**　是在浇筑混凝土前先行埋置无粘结预应力筋，在混凝土达到设计要求后再行张拉，依靠其两端或自锚头锚固的一种方法。

（2）**应用范围**　可用于现浇工程或预制构件。

（3）**施工工艺**　（见图 4-48）。

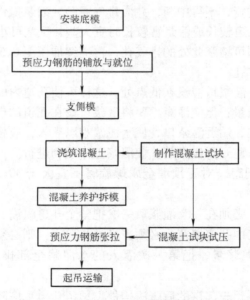

图 4-48　无粘结预应力钢筋混凝土工艺流程图

（4）**原材料的要求**

1）钢材：一般选用钢丝、钢绞线等柔性较好的预应力钢材。

2）涂料：一般可用防腐油脂或防腐沥青制作，其成分和配合比，应经过试验并由主管部门组织鉴定合格后，才能使用。

3）无粘结筋的外包层：可用高压聚乙烯塑料制作。

（5）无粘结筋的制作

1）制作单根无粘结筋时，宜优先选用防腐油脂作涂料层，其塑性外包层应用塑料注胶机成形。防腐油料应充足饱满，外包层应松紧合适。

2）成束无粘结筋可用防腐沥青或防腐油脂做涂料层。当使用防腐沥青时，应用密缠塑料带做外包层，塑料带各圈之间的搭接宽度应不小于带宽的1/4，层数不应小于两层。

（6）锚具　无粘结预应力构件中，锚具始终传递预应力筋的张拉力，且承担着由外荷载引起的预应力束的全部变化，因此，锚具受力很大，而且承受的是重复荷载，这样对锚具提出了更高的要求，应符合Ⅰ类锚具的规定。

无粘结预应力钢丝束的锚具以镦头为主，钢绞线以XM型锚具为主。

（7）操作程序与方法

1）预应力筋的堆放与运输，不准碰坏塑料管套（塑料布），预应力筋应堆放整齐，下有高100mm左右的垫木，间距约1m左右，不准车压人踩。

2）预应力筋的铺设应满足以下要求：

① 铺设前要逐根检查外包层的完好程度，对有轻微破损者，可包塑料带补好，对破损严重者应予以报废。

② 要严格按程序铺设（应在铺设前绘制程序表或程序图）。

③ 若双向或曲线配置，应有明显表示交叉点的处理方法和起拱高度的有关标高。

④ 铺设无粘结筋时，无粘结筋的曲率，可垫铁马凳（或采取其他构造措施）控制。铁马凳高度应根据设计要求的无粘结筋曲率确定，铁马凳间隔不宜大于2m，并应用铁丝与无粘结筋扎牢。

⑤ 绑扎并固定好固定端的锚板于构件钢筋或支承板上。

⑥ 铺设双向配筋的无粘结筋时，应先铺设标高低的无粘结筋，再铺设标高较高的无粘结筋，应尽量避免两个方向的无粘结筋相互穿插编结。

⑦ 张拉端定位丝杆与锚具的连接，根据计算的伸长值把定位螺母固定在模板上。

3）无粘结预应力筋的张拉应满足以下要求：

① 无粘结预应力筋的张拉与后张法带有螺纹端杆锚具的钢丝束张拉相似，一般采用一次超张拉，也可采用二次张拉。

② 混凝土强度必须符合设计要求；当设计无要求时，不得低于混凝土设计强度标准值的75%。

③ 张拉顺序应根据钢丝束的铺设顺序确定，先铺设的先张拉，后铺设的后张拉。

④ 张拉方法主要由粘结筋的品种、长度和锚具形式等确定，一般采用两端

同时张拉的方法。

⑤ 张拉过程中，当有个别钢丝发生滑落或断裂时，可相应降低张拉力，但滑落或断裂的数量，不应超过结构同一截面无粘结预应力筋总量的2%。对于多跨双向连续板，其同一截面应按每跨计算。

⑥ 在张拉过程中，应测定其伸长值，并与理论计算伸长值进行比较。

⑦ 校核并填写张拉记录。

4）无粘结预应力筋张拉应按以下操作程序进行：

① 准备工作。依据张拉方法，分别做好拆除定位连杆和端部模板、清理现场、搭设脚手架和防护栏板、剥去外露钢绞线的塑料套管、检查锚具、逐根量测外露钢绞线的长度并一一做好记录等工作。

② 安装张拉设备。当用镦头锚具时，应把张拉杆拧入锚环内，安上千斤顶。

③ 张拉。用千斤顶张拉无粘结钢丝束，当油压表达到5MPa时，停止进油，调整油缸位置后，继续进油张拉，直到达到所需的张拉力值。清理拉出锚环外测丝口，拧上螺母。

用千斤顶张拉无粘结钢绞线，油压表达到2.5MPa时，停止进油，检查千斤顶位置无误后，继续进油张拉，直到达到设计要求的张拉力。

④ 顶压锚固及拆卸张拉设备。当用镦头锚固时，拧紧锚固后，千斤顶回油回程，卸下千斤顶和张拉杆。

当用夹片式锚具时，待张拉到控制应力后，千斤顶不进油，在保持所需压力下，改用手动泵给顶压器进油顶住，压力达到30MPa时，顶压器和千斤顶同时回油后，卸下张拉设备。

⑤ 锚头端部处理。无粘结筋的锚固区，必须有严格的密封防护措施，严防水气进入，锈蚀预应力钢筋。对外露的预应力筋应分散弯折后，再浇筑在封头混凝土内。

（8）施工质量要求

1）无粘结预应力筋的保护套应完整，局部破损处应用防水胶带缠绕紧密。

2）无粘结预应力筋铺设应顺直，其曲线坐标高度偏差应不超过有关规定。

3）无粘结预应力筋的固定应牢靠，浇筑混凝土时不应出现移位和变形。

4）张拉端预埋铺板应垂直于预应力筋。

5）内埋式固定端垫板不应重叠，锚具与垫板应紧贴。

6）无粘结预应力筋成束布置时，应能保证混凝土密实并能裹住预应力筋。

（9）安全技术

1）割掉多余部分无粘结筋时不得用电弧或乙炔焰，只准用砂轮锯。

2）油箱油量不足时，要在没有压力下加油。

3）不得超负荷用电。

◇◇◇◇ 第三节　钢筋加工与安装技能训练实例

- **训练 1　钢筋下料与绑扎**

1. 图样（见图 4-49）

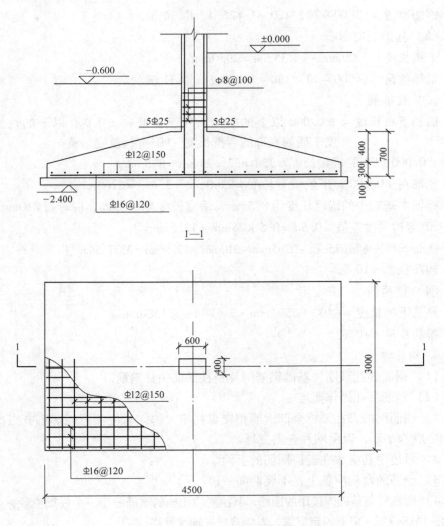

图 4-49　某钢筋混凝土基础配筋图

2. 准备要求

（1）材料准备　$\phi 8$、$\underline{\Phi}12$ 线材若干，粉笔，20 号铁丝 3kg。

（2）设备准备　钢筋弯曲机、切割机。

（3）工具准备　铁钳、2m 钢卷尺、粉笔、铁钉、钢筋钩和绑扎架。

3. 钢筋下料长度及数量计算

（1）基础长向钢筋

下料长度 $= 4500mm - 2 \times 35mm = 4430mm$。

钢筋数量 $= (3000 - 70)/120 + 1 = 25.4$，取 26 根。

（2）基础短向钢筋

下料长度 $= 3000mm - 2 \times 35mm = 2930mm$。

钢筋数量 $= (4500 - 70)/150 + 1 = 30.5$，取 31 根。

（3）柱插筋

插筋下料长度 $=$ ±0.000 以上的搭接长度 + 插筋在 ±0.000 以下的垂直长度 + 插筋底部的弯折长度 − 90°弯钩量度差值

±0.000 以上的搭接长度 $= 35d = 35 \times 25mm = 875mm$。

插筋在 ±0.000 以下的垂直长度 $= 2300mm - 35mm = 2265mm$。

插筋在基础中的锚固长度为 875mm，垂直长度为 665mm，应弯折 210mm。

90°弯钩量度差值 $= 0.5d = 0.5 \times 25mm = 12.5mm$。

插筋下料长度 $= 875mm + 2265mm + 210mm - 12.5mm = 3337.5mm$。

插筋数量 $= 10$ 根。

（4）柱箍筋

箍筋下料长度 $= (400 + 350)mm \times 2 + 80mm = 1580mm$。

箍筋数量 $= 18$ 根。

4. 钢筋绑扎

（1）钢筋绑扎顺序　基础钢筋网片→柱插筋→柱箍筋。

（2）钢筋绑扎操作要点

1）钢筋网的绑扎须将全部钢筋相交点扎牢。绑扎时应注意相邻绑扎点的铁丝扣要成八字形，以免网片歪斜变形。

2）短边钢筋应放在长边钢筋的上面。

3）钢筋的弯钩应朝上，不要倒向一边。

4）现浇柱与基础连接用的插筋，其箍筋应比柱的箍筋缩小一个柱筋直径，以便连接。插筋位置一定要固定牢靠，以免造成柱轴线偏移。

5. 考核项目及评分标准（见表 4-8）

表4-8 钢筋下料与绑扎考核项目及评分标准

序号	作业项目	考核内容	配分	评分标准	考核记录	扣分	得分
1	钢筋切断	长度	10	误差超过 ±10mm 此项不得分			
2	钢筋弯曲成形	弯起钢筋的弯折位置	10	误差超过 ±20mm 此项不得分			
		箍筋内净尺寸	10	误差超过 ±5mm 此项不得分			
		平整度	10	视加工结果，酌情扣分			
3	钢筋绑扎	受力钢筋间距	10	误差超过 ±10mm 此项不得分			
		受力钢筋排距	10	误差超过 ±5mm 此项不得分			
		受力钢筋保护层厚度	10	误差超过 ±5mm 此项不得分			
		绑扎成形	10	视绑扎结果，酌情扣分			
4	安全文明生产	遵守安全操作规程，准确使用工、量具，操作现场整洁	10	按达到规定的标准程度评定，一项不符合要求扣2分			
		安全用电、防火，无人身、设备事故	10	因违规操作发生重大人身或设备事故，此题按0分计			
5	分数合计		100				

● **训练 2 先张法预应力钢丝张拉**

1. 准备要求

（1）材料准备 冷拔钢丝$\phi^b 5$，长度 50m。

（2）设备准备 电动卷扬机、弹簧测力计、锥销式夹具。

2. 张拉方法

先张法单根张拉。张拉控制应力 $\sigma_{con} = 0.7 f_{ptk}$，最大张拉控制应力允许值 $\sigma_{con} = 0.75 f_{ptk}$。

3. 张拉程序

0→1.05σ_{con}→σ_{con}→锚固（在应力下持荷 2min）或 0→1.03σ_{con}→锚固。

4. 张拉伸长值校核

当 $\sigma = 0.1\sigma_{con}$ 时，应校核钢丝伸长值，当实际伸长值大于 10% 或小于 5% 时，应暂停张拉。

钢丝理论伸长值 Δl 按下式计算

$$\Delta l = \frac{F_p \cdot l}{A_p \cdot E_s}$$

式中 F_p——预应力钢丝张拉力，由弹簧测力计测得（kN）；

l——钢丝长度（50m）；

A_p——钢丝截面面积（19.63mm^2）；

E_s——钢丝弹性模量（$1.8 \times 10^6 kN/mm^2$）。

5. 张拉注意事项

1）加荷宜缓慢进行，当初始应力达到 10%σ_{con} 时开始测量钢丝伸长值。

2）采用 5% 超张拉时应持荷 2min。

3）预应力钢丝的位置不允许有超过 5mm 的偏差，同时，也不允许超过构件最短边长的 4%，训练中规定为 10mm。

复习思考题

1. 钢筋绑扎前应做好哪些准备工作？

2. 对钢筋绑扎接头的位置有什么要求？

3. 为什么冷轧带肋钢筋严禁采用焊接接头？

4. 哪些情况不得采用绑扎连接？

5. 钢筋绑扎安装完毕后，应检查哪些内容？

6. 简述独立柱基础的钢筋绑扎顺序。

7. 简述钢筋网的绑扎操作要点。

8. 独立柱基础为双向弯曲，其底面短边的钢筋应放在长边钢筋的上面还是下面？为什么？

9. 箍筋转角与主筋交点如何绑扎？

10. 有抗震要求的柱子，箍筋弯钩应弯成多少度？平直部分长度不小于多少？

11. 对受力钢筋的接头位置和接头数量有哪些规定？

12. 简述牛腿柱的钢筋绑扎顺序。

13. 简述现浇框架结构中板的钢筋绑扎顺序和操作要点。

14. 简述现浇悬挑雨篷的钢筋绑扎操作要点。

15. 简述肋形楼盖的钢筋绑扎顺序。

16. 简述梁柱节点的钢筋绑扎顺序。

17. 简述现浇楼梯的钢筋绑扎顺序和操作要点。

18. 简述墙板的钢筋绑扎顺序和操作要点。

19. 简述钢筋混凝土桩钢筋笼的制作要求和制作方法。

20. 简述先张法施工工艺流程。

21. 简述后张法施工工艺流程。

22. 简述墩式台座的组成和适用范围。

23. 简述预应力筋的放张顺序和放张方法。

24. 先张法预应力混凝土的张拉设备有哪些？如何选用？

25. 对后张法预应力筋孔道的间距与保护层有哪些规定？

26. 预应力筋穿入孔道，需要解决哪两个问题？

27. 预应力筋张拉方式有哪几种？

第 五 章

钢筋工程质量检查与资料整理

培训学习目标　熟悉钢筋工程质量通病产生的原因及处理方法并能正确应用，同时对初级工的施工质量能进行跟踪检查；掌握技术资料整理的相关知识。

◈◈◈ 第一节　钢筋工程质量检查

一、工程质量验收的划分

建筑工程质量验收划分为单位（子单位）工程、分部（子分部）工程、分项工程和检验批。

1. 检验批合格质量规定

检验批合格质量应符合下列规定：

1）主控项目的质量经抽样检验合格。

2）一般项目的质量经抽样检验合格；当采用计数检验时，一般项目的合格点率应不小于80%，且不得有严重缺陷。

3）具有完整的施工操作依据和质量检查记录。

2. 分项工程合格质量规定

分项工程合格质量应符合下列规定：

1）分项工程所含检验批均应符合合格质量的规定。

2）分项工程所含检验批的质量检查记录应完整。

按照建筑工程分部工程、分项工程划分的规定，钢筋工程、预应力工程均为分项工程，属于混凝土结构子分部工程，而混凝土结构子分部工程属于主体结构分部工程。

二、非预应力钢筋工程质量检验项目

1. 钢筋加工

钢筋加工的检验项目、具体要求、检查数量和检验方法见表 5-1。

表 5-1　钢筋加工的检验项目、具体要求、检查数量和检验方法

项　目		要　　求	检查数量	检验方法
主控项目	受力钢筋的弯钩和弯折	HPB235 级钢筋末端应作 180°弯钩，其弯弧内直径不应小于钢筋直径的 2.5 倍，弯钩的弯后平直部分长度不应小于钢筋直径的 3 倍；当设计要求钢筋末端作 135°弯钩时，HRB335 级、HRB400 级钢筋的弯弧内直径不应小于钢筋直径的 4 倍，弯钩的弯后平直部分长度应符合设计要求；钢筋作不大于 90°的弯折时，弯折处的弯弧内直径不应小于直径的 5 倍	按每工作班同一类型钢筋、同一加工设备抽查不应少于 3 件	金属直尺检查
	箍筋的末端弯钩	除焊接封闭环式箍筋外，箍筋的末端应作弯钩，弯钩形式应符合设计要求。当设计无具体要求时，应符合下列规定： 1）箍筋弯钩的弯弧内直径除应满足受力钢筋的弯钩和弯折的规定外，还应不小于受力钢筋直径 2）箍筋弯钩的弯折角度：对一般结构，不应小于 90°；对有抗震等要求的结构，应为 135° 3）箍筋弯后平直部分长度：对一般结构，不宜小于箍筋直径的 5 倍；对有抗震等要求的结构，还应小于箍筋直径的 10 倍		
一般项目	钢筋调直	钢筋调直宜采用机械方法，也可采用冷拉方法。当采用冷拉方法调直钢筋时，HPB235 级钢筋的冷拉率不宜大于 4%，HRB335 级、HRB400 级和 RRB400 级钢筋的冷拉率不宜大于 1%		观察，金属直尺检查
	钢筋加工	钢筋加工的形状、尺寸应符合设计要求，其允许偏差如下： 1）受力钢筋顺长度方向全长的净尺寸 ±10mm 2）弯起钢筋的弯折位置 ±20mm 3）箍筋内净尺寸 ±5mm		金属直尺检查

2. 钢筋连接

钢筋连接的检验项目、具体要求、检查数量和检验方法见表5-2。

表5-2　钢筋连接的检验项目、具体要求、检查数量和检验方法

项　目		要　求	检查数量	检验方法
主控项目	纵向受力钢筋的连接方式	应符合设计要求	按有关规程确定	检查产品合格证、接头力学性能试验报告
	钢筋接头	在施工现场，应按国家现行标准《钢筋机械连接技术规程》(JGJ 107—2010)、《钢筋焊接及验收规程》(JGJ 18—2012)的规定抽取钢筋机械连接接头、焊接接头试件作力学性能检验，其质量应符合有关规程的规定		
一般项目	钢筋的接头设置	1. 钢筋的接头宜设置在受力较小处 2. 同一纵向受力钢筋不宜设置两个或两个以上接头 3. 接头末端至钢筋弯起点的距离不应小于钢筋直径的10倍	全数检查	观察、金属直尺检查
	钢筋接头的外观检查	在施工现场，应按国家现行标准《钢筋机械连接技术规程》(JGJ 107—2010)、《钢筋焊接及验收规程》(JGJ 18—2012)的规定对钢筋机械连接接头、焊接接头的外观进行检查，其质量应符合有关规程的规定	全数检查	观察
	钢筋接头的间距	1. 同一构件内的接头宜相互错开 2. 纵向受力钢筋机械连接接头及焊接接头连接区段的长度为纵向受力钢筋的较大直径的35倍且小于500mm，凡接头中点位于该区段长度内的接头均属于同一连接区段。同一连接区段内，纵向受力钢筋机械连接及焊接的接头面积百分率为该区段内有接头的纵向受力钢筋截面面积与全部纵向受力钢筋截面面积的比值 3. 同一连接区段内，纵向受力钢筋的接头面积百分率应符合设计要求；当设计无具体要求时，应符合下列规定： 1）在受拉区不宜大于50% 2）接头不宜设置在有抗震设防要求的框架梁端、柱端的箍筋加密区；当无法避开时，对等强度高质量机械连接接头，不应大于50% 3）直接承受动力荷载的结构构件中，不宜采用焊接接头；当采用机械连接接头时，不应大于50%	在同一检验批内，应抽查构件数量： 1）梁、柱和独立基础抽查不少于10%，且不少于3件 2）墙和板，应按有代表性的自然间抽查10%，且不少于3间 3）大空间结构，墙可按相邻轴线间高度5m左右划分检查面，板可按纵横轴线划分检查面，抽查10%，且不少于3面	观察、金属直尺检查

（续）

项　目		要　　求	检查数量	检验方法
一般项目	在梁、柱纵筋搭接长度范围内的箍筋配置	在梁、柱类构件的纵向受力钢筋搭接长度范围内，应按设计要求配置箍筋。当设计无具体要求时，应符合下列规定： 1）箍筋直径不应小于搭接钢筋较大直径的0.25倍 2）受拉钢筋搭接区段的箍筋间距不应大于搭接钢筋较小直径的5倍，且应不大于100mm 3）受压钢筋搭接区段的箍筋间距不应大于搭接钢筋较小直径的10倍，且不应大于200mm 4）当柱中纵向受力钢筋直径大于25mm时，应在搭接接头两个端面100mm范围内各设置两个箍筋，其间距宜为50mm	在同一检验批内，应抽查构件数量： 1）梁、柱和独立基础抽查不少于10%，且不少于3件 2）墙和板，应按有代表性的自然间抽查10%，且不少于3间 3）大空间结构，墙可按相邻轴线间高度5m左右划分检查面，板可按纵横轴线划分检查面，抽查10%，且不少于3面	金属直尺检查

3. 钢筋安装

钢筋安装的检验项目、具体要求、检查数量和检验方法见表5-3。钢筋安装位置的允许偏差和检验方法见表5-4。

表5-3　钢筋安装的检验项目、具体要求、检查数量和检验方法

项　目		要　求	检　查　数　量	检验方法
主控项目	受力钢筋的品种、级别、规格和数量	符合设计要求	全数检查	观察、金属直尺检查
一般项目	安装位置偏差	符合表5-4的规定	在同一检验批内，应抽查构件数量： 1）梁、柱和独立基础抽查不少于10%，且不少于3件 2）墙和板，应按有代表性的自然间抽查10%，且不少于3间 3）大空间结构，墙可按相邻轴线间高度5m左右划分检查面，板可按纵横轴线划分检查面，抽查10%，且不少于3面	见表5-4

表5-4　钢筋安装位置的允许偏差和检验方法

项　目		允许偏差/mm	检 验 方 法
绑扎钢筋网	长、宽	±10	金属直尺检查
	网眼尺寸	±20	金属直尺量连续三挡，取最大值
绑扎钢筋骨架	长	±10	金属直尺检查
	宽、高	±5	金属直尺检查
受力钢筋	间距	±10	金属直尺量两端、中间各一点，取最大值
	排距	±5	
	保护层厚度　基础	±10	金属直尺检查
	柱、梁	±5	金属直尺检查
	板、墙、壳	±3	金属直尺检查
绑扎箍筋、横向钢筋间距		±20	金属直尺量连续三挡，取最大值
钢筋弯起点位置		20	金属直尺检查
预埋件	中心线位置	5	金属直尺检查
	水平高差	+3，0	金属直尺和塞尺检查

注：1. 检查预埋件中心线位置时，应沿纵、横两个方向测量，并取其中的较大值。

2. 表中梁类、板类构件上部纵向受力钢筋保护层厚度的合格点率应达到90%及以上，且不得有超过表中数值1.5倍的尺寸偏差。

三、预应力钢筋工程质量检验项目

1. 原材料

预应力钢筋工程原材料的检验项目、具体要求、检查数量和检验方法见表5-5。

表5-5　预应力钢筋工程原材料的检验项目、具体要求、
检查数量和检验方法

项　目		要　求	检查数量	检验方法
主控项目	预应力筋进场	应按现行国家标准《预应力混凝土用钢绞线》（GB/T 5224—2003）等的规定抽取试件作力学性能检验，其质量必须符合有关标准的规定	按进场的批次和产品的抽样检验方案确定	检查产品合格证、出厂检验报告和进场复验报告
	无粘结预应力筋的涂包质量	应符合无粘结预应力钢绞线标准的规定当有工程经验，并经观察认为质量有保证时，可不作油脂用量和护套厚度的进场复验	每60t为一批，每批抽取一组试件	
	锚具、夹具和连接器	应按设计要求采用，其性能应符合现行国家标准《预应力筋用锚具、夹具和连接器》（GB/T 14370—2007）等的规定	按进场批次和产品的抽样检验方案确定	
	孔道灌浆用水泥和外加剂	质量应符合规定		

（续）

项　目		要　求	检查数量	检验方法
一般项目	预应力筋使用前的外观检查	预应力筋使用前应进行外观检查，其质量应符合下列要求： 1）有粘结预应力筋展开后应平顺，不得有弯折，表面不得有裂纹、小刺、机械损伤、氧化铁皮和油污等 2）无粘结预应力筋护套应光滑、无裂缝，无明显褶皱	全数检查	观察
	锚具、夹具和连接器	使用前应进行外观检查，其表面应无污物、锈蚀、机械损伤和裂纹	全数检查	观察
	金属螺旋管的尺寸和性能	尺寸和性能应符合国家现行标准《预应力混凝土用金属波纹管》（JG 225—2007）的规定。对金属螺旋管用量较少的一般工程，当有可靠依据时，可不作径向刚度、抗渗漏性能的进场复验	按进场批次和产品的抽样检验方案确定	检查产品合格证、出厂检验报告和进场复验报告
	金属螺旋管使用前的外观检查	其内外表面应清洁，无锈蚀，不应有油污、孔洞和不规则的褶皱，咬口不应有开裂或脱扣	全数检查	观察

2. 制作与安装

制作与安装的检验项目、具体要求、检查数量和检验方法见表 5-6。束形控制点的竖向位置允许偏差见表 5-7。

表 5-6　制作与安装的检验项目、具体要求、检查数量和检验方法

项　目		要　求	检查数量	检 验 方 法
主控项目	品种、级别、规格、数量	必须符合设计要求	全数检查	观察、金属直尺检查
	非油质类模板隔离剂	先张法预应力施工时应选用非油质类模板隔离剂，并应避免沾污预应力筋		观察
	避免电火花损伤预应力筋	施工过程中应避免电火花损伤预应力筋；受损伤的预应力筋应予以更换		

（续）

项 目		要　　求	检查数量	检验方法
一般项目	预应力筋下料	1. 应采用砂轮锯或切断机切断，不得采用电弧切割 2. 当钢丝束两端采用镦头锚具时，同一束中各根钢丝长度的极差不大于钢丝长度的 1/5000，且不大于 5mm；当成组张拉长度不大于 10m 的钢丝时，同组钢丝长度的极差不大于 2mm	每工作班抽查预应力筋总数的 3%，且不少于 3 束	观察、金属直尺检查
	预应力筋端部锚具的制作质量	1. 挤压锚具制作时压力表油压应符合操作说明书的规定，挤压后预应力筋外端应露出挤压套筒 1～5mm 2. 钢绞线压花锚成形时，表面应清洁、无油污，梨形头尺寸和直线段长度应符合设计要求 3. 钢丝镦头的强度不得低于钢丝强度标准值的 98%	对挤压锚，每工作班抽查 5%，且不少于 5 件；对压花锚，每工作班抽查 3 件；对钢丝镦头强度，每批钢丝检查 6 个镦头试件	观察、金属直尺检查、检查镦头强度试验报告
	后张法有粘结预应力筋预留孔道的规格、数量、位置和形状	应符合设计要求，且应符合下列规定： 1）预留孔道的定位应牢固，浇筑混凝土时不应出现移位和变形 2）孔道应平顺，端部的预埋锚垫板应垂直于孔道中心线 3）成孔用管道应密封良好，接头应严密且不得漏浆 4）灌浆孔的间距：对预埋金属螺旋管不宜大于 30m；对抽芯成形孔道不宜大于 12m 5）在曲线孔道的曲线波峰部位应设置排气兼泌水管，必要时可在最低点设置排水孔 6）灌浆孔及泌水管的孔径应能保证浆液畅通	全数检查	观察、金属直尺检查
	预应力筋束形控制点的竖向位置偏差	应符合表 5-7 的规定	在同一检验批内，抽查各类型构件中预应力筋总数的 5%，且对各类型构件均不少于 5 束，每束不少于 5 处	金属直尺检查

（续）

项　目		要　　求	检查数量	检　验　方　法
一般项目	无粘结预应力筋的铺设	除应符合预应力筋束控制点的规定外，尚应符合下列要求： 1）无粘结预应力筋的定位应牢固，浇筑混凝土时不应出现移位和变形 2）端部的预埋锚垫板应垂直于预应力筋 3）内埋式固定端垫板不应重叠，锚具与垫板应贴紧 4）无粘结预应力筋成束布置时应能保证混凝土密实并能裹住预应力筋 5）无粘结预应力筋的护套应完整，局部破损处应用防水胶带缠绕紧密	全数检查	观察
	防止锈蚀	浇筑混凝土前穿入孔道的后张法有粘结预应力筋，宜采取防止锈蚀的措施		

表 5-7　束形控制点的竖向位置允许偏差　　　　（单位：mm）

截面高（厚）度	$h \leqslant 300$	$300 < h \leqslant 1500$	$h > 1500$
允许偏差	± 5	± 10	± 15

3. 张拉和放张

张拉和放张的检验项目、具体要求、检查数量和检验方法见表5-8。张拉端预应力筋的内缩量限值见表5-9。

表 5-8　张拉和放张的检验项目、具体要求、检查数量和检验方法

项　目		要　　求	检查数量	检验方法
主控项目	张拉或放张时的混凝土强度	应符合设计要求，无具体要求时，应不小于 $75\% f_{cuk}$	全数检查	检查同条件养护试件试验报告
	预应力筋的张拉	预应力筋的张拉力、张拉或放张顺序及张拉工艺应符合设计及施工技术方案的要求，并应符合下列规定： 1）当施工需要超张拉时，最大张拉应力不应大于国家现行标准《混凝土结构设计规范》（GB 50010—2010）的规定 2）张拉工艺应能保证同一束中各根预应力筋的应力均匀一致	全数检查	检查张拉记录

（续）

项目		要求	检查数量	检验方法
主控项目	预应力筋的张拉	3）后张法施工中，当预应力筋是逐根或逐束张拉时，应保证各阶段不出现对结构不利的应力状态；同时宜考虑后批张拉预应力筋所产生的结构构件的弹性压缩对先批张拉预应力筋的影响，确定张拉力 4）先张法预应力筋放张时，宜缓慢放松锚固装置，使各根预应力筋同时缓慢放松 5）当采用应力控制方法张拉时，应校核预应力筋的伸长值，实际伸长值与设计计算理论伸长值的相对允许偏差为 ±6%	全数检查	检查张拉记录
	张拉锚固后实际建立的预应力值	实际建立的预应力值与工程设计规定检验值的相对允许偏差为 ±5%	先张法：每工作班抽查 1%，且不少于 3 根 后张法：同一检验批内，抽查 3%，且不少于 5 束	先张法：检查预应力筋应力检测记录 后张法：检查见证张拉记录
	避免预应力筋断裂或滑脱	张拉过程中应避免预应力筋断裂或滑脱；当发生断裂或滑脱时，必须符合下列规定： 1）对后张法预应力结构构件，断裂或滑脱的数量严禁超过同一截面预应力筋总根数的 3%，且每束钢丝不得超过一根；对多跨双向连续板，其同一截面应按每跨计算 2）对先张法预应力构件，在浇筑混凝土前发生断裂或滑脱的预应力筋必须予以更换	全数检查	观察、检查张拉记录
	张拉端预应力筋的内缩量	锚固阶段张拉端预应力筋的内缩量应符合设计要求；当设计无具体要求时，应符合表 5-9 的规定	工作班抽查 3%，且不少于 3 束	金属直尺检查
	先张法预应力筋位置的偏差	先张法预应力筋张拉后与设计位置的偏差应不大于 5mm，且不大于构件截面短边边长的 4%		

表5-9　张拉端预应力筋的内缩量限值

锚 具 类 别		内缩量限值/mm
支承式锚具(镦头锚具等)	螺母缝隙	1
	每块后加垫板的缝隙	1
锥塞式锚具		5
夹片式锚具	有压顶	5
	无压顶	6~8

4. 灌浆及封锚

灌浆及封锚的检验项目、具体要求、检查数量和检验方法见表5-10。

表5-10　灌浆及封锚的检验项目、具体要求、检查数量和检验方法

项　目		要　求	检查数量	检验方法
主控项目	张拉后的孔道灌浆	后张法有粘结预应力筋张拉后应尽早进行孔道灌浆,孔道内水泥浆应饱满、密实	全数检查	观察、检查灌浆记录
	锚具的封闭保护	应符合设计要求或下列规定: 1)应采取防止锚具腐蚀和遭受机械损伤的有效措施 2)凸出式锚固端锚具保护层厚度不应小于50mm 3)外露预应力筋的保护层厚度:处于正常环境时,不应小于20mm;处于易受腐蚀的环境时,不应小于50mm	在同一检验批内,抽查预应力筋总数的5%,且不少于5束	观察、金属直尺检查
一般项目	后张法预应力筋锚固后的外露部分	后张法预应力筋锚固后的外露部分宜采用机械方法切割,其外露长度不宜小于预应力筋直径的1.5倍,且不宜小于3mm	在同一检验批内,抽查预应力筋总数的3%,且不少于5束	观察、金属直尺检查
	灌浆用水泥浆的水灰比、泌水率	水灰比不大于0.45,搅拌后3h泌水率不大于3%,泌水应能在24h内全部重新被水泥吸收	同一配合比检查一次	检查水泥浆性能试验报告
	灌浆用水泥浆的抗压强度	不小于30MPa	每工作班留置一组边长为70.7mm的立方体试件	检查水泥浆试件强度试验报告

四、钢筋工程常见质量通病与防治

1. 钢筋原材品种、等级混杂不清

（1）原因　原材管理不善，制度不严，入库之前专业材料人员没有严格把关。

（2）防治措施　专职材料人员必须认真做好钢材验收工作，仓库内应按钢筋品种、规格大小划分不同堆放区域，并作好明显标志。

2. 钢筋全长有一处或数处弯曲或曲折

（1）原因　条状钢筋运输时装车不注意，运输车辆较短，条状钢筋弯折过度；卸车时吊点不准，堆放压垛过重造成。

（2）防治措施　采用车身较长的运输车和拖挂车运输，尽量采用吊架装卸车。若用钢丝绳捆绑，装卸时的位置要合适。堆放时不能过高，不准其上放置其他重物。对已弯折的钢筋可用机械或手工调直，但对于 HPB235、HRB335 级钢筋的弯折及调整应特别注意，若出现调整不直或裂缝的钢筋，不得用作受力钢筋。

3. 成形钢筋变形

（1）原因　成形后摔放，地面不平，堆放时过高压弯，搬运方法不当或搬运过于频繁。

（2）防治措施　成形后或搬运堆放要找平场地，轻拿轻放，搬运车辆应合适，垫块位置恰当，最好单层堆放，若重叠堆放以不压下面钢筋为准，并按使用先后堆放，避免翻堆。若变形偏差太大不符合要求，应校正或重新制作。

4. 钢筋代换后，数根钢筋不能均分

表现为在一结构中，同一编号钢筋分几处布置，因进行规格代换后根数变动，不能均分几处。

（1）原因　进行钢筋代换时，没有分析施工图，看该号钢筋是否分几处布置，如图样设计为 8 Φ20，根据等面积代换该用 9 Φ18，但施工图上分两处，每处 4 根，9 根就无法均分。

（2）防治措施　钢筋代换前要分析研究施工图，理解设计意图，如果分几处放置，就要将总根数改分根数，然后按分根数考虑代换方案。如果出现无法均分现象，可以按新方案重新代换，或根据具体条件补充不足部分。

5. 同一截面钢筋接头过多

表现为在已绑扎或安装的钢筋骨架中同一截面内受力钢筋接头太多，其截面面积占受力钢筋总截面面积的百分率超出规范规定的数值。

（1）原因

1）钢筋配料技术人员配料时，疏忽大意，没有认真考虑原材长度。

2）不熟悉有关绑扎、焊接接头的规定。

3）没有分清钢筋位于受拉区还是受压区。

（2）防治措施

1）配料时首先要仔细了解钢材原材料长度，再根据设计要求，选择搭配方案。

2）要认真学习规范，明白同一截面的含义。

3）分清受拉区和受压区，若分不清，都按受拉区设置搭接接头。

4）轴心受拉和轴心受压构件中的钢筋接头，均采取焊接接头。

5）现场绑扎时，配料人员要作详细交底，以免放错位置。

6）若发现接头数量不符合规范规定，但未进行绑扎，应再重新指定设置方案，已绑扎好的，一般情况下应拆除骨架，重新绑扎，或抽出个别有问题的钢筋，返工重做。

6. 现浇肋形楼板的负弯距钢筋歪斜，甚至倒垂在下部受力钢筋上

表现为已绑扎好的肋形楼板四周和梁上部的负弯距钢筋被踩斜。

（1）原因　绑扎不牢；只有几根分布筋连接，整体性差，施工中不注意人为碰撞。

（2）防治措施　负弯距钢筋按设计图样定位，绑扎牢固，适当放置钢筋支撑，将其与下部钢筋连接，形成整体，浇筑混凝土时，采取保护措施，避免人员踩压。对已被压倒的负弯距钢筋，浇筑混凝土前应及时调整，将其复位加固，不能修整的钢筋应重新制作。

7. 结构预留钢筋锈蚀

表现为现场柱、梁预留钢筋出现黄色或暗红色锈斑。

（1）原因　梁、柱预留钢筋长期暴露在外，受雨雪侵蚀所致。

（2）防治措施　工程上的梁柱预留钢筋，当长期不能进行下道工序施工时，应用水泥浆涂抹表面或浇筑低等级混凝土；量大时，可搭设防护篷或用塑料布包裹。若出现锈迹，必须用手工或机械除锈，严重锈蚀的，视具体情况研究分析后，采取稳妥方案处理。

8. 电弧焊接头尺寸不准

表现为帮条及搭接接头焊缝长度不足、帮条沿接头中心成纵向偏移、接头处钢筋轴线弯折和偏移、焊缝尺寸不足或过大。

（1）原因　主要是施焊前准备工作没有做好，操作比较马虎，预制构件钢筋位置偏移过大，钢筋下料不准。

（2）防治措施　预制构件制作时，应严格控制钢筋的相对位置；钢筋下料和校对应由专人负责，施焊前认真检查，确认无误后，先点焊控制位置，然后正式焊接。焊接人员一定要通过考试，持证上岗。

9. 弯起钢筋的放置方向错误

表现为弯起钢筋方向不对，弯起的位置不对。

（1）原因 事先没有对操作人员认真交底，造成操作错误，或在钢筋骨架立模时疏忽大意。

（2）防治措施 对发生操作错误的问题，事先应对操作人员作详细的交底，并加强检查与监督，或在钢筋骨架上挂提示牌，提醒安装人员注意。

10. 箍筋间距不足

表现为箍筋的间距过大或过小，影响施工或工程质量。

（1）原因 图样上所注的间距为近似值，若按此近似值绑扎，则箍筋的间距和根数有出入。此外，操作人员绑前不放线，按大概尺寸绑扎。

（2）防治措施 绑前应根据配筋图预先算好箍筋的实际间距，并画线作为绑扎的依据，已绑好的钢筋骨架的间距不一致时，可做局部调整，或增加 1~2 根箍筋。

11. 钢筋搭接长度不够

表现为钢筋绑扎或搭接焊时，搭接长度不够，满足不了设计的要求。

（1）原因 现场操作人员对钢筋搭接长度的要求不了解，特别是对新规范不熟悉。

（2）防治措施 提高操作人员对钢筋搭接长度必要性的认识，使其掌握搭接长度的规定，操作时对每一个接头应逐个测量，检查搭接长度是否符合要求。

12. 钢筋保护层垫块设置不合格

表现为垫块厚度不足、垫块厚度过厚、垫块未放置好、垫块强度不足或脆裂、忘记放置垫块。

（1）原因

1）施工管理人员对设置垫块的目的认识不足。

2）施工单位技术管理不严格。

3）现场操作人员对垫块的尺寸、设置要求不熟悉。

（2）措施

1）为确保保护层的厚度，钢筋骨架要垫砂浆垫块或塑料定位卡，其厚度应根据设计要求的保护层厚度来确定。

2）骨架内钢筋与钢筋之间间距为 25mm 时，宜用直径为 25mm 的钢筋控制，其长度同骨架宽。所用垫块与 25mm 的钢筋头之间的距离宜为 1m，不超过 2m。

3）对于双向双层板钢筋，为确保钢筋位置准确，要垫以铁马凳，间距 1m。

13. 钢筋弯曲成形后弯曲处断裂

（1）原因

1）弯曲轴未按规定更换。

2）加工场地气温过低。

3）材料含磷量高。

（2）防治措施

1）更换成形轴后再弯曲。

2）加工场地围挡加温至0℃以上。

3）重新做化学分析冷弯试验。

14. 钢筋有纵向裂纹或重皮

（1）原因　生产厂轧制工艺或原料原因造成。

（2）防治措施　取部分实物送生产厂家提请注意，其余可作为架立筋使用或用于结构受力较小处。

15. 钢筋对焊不上

（1）原因　钢筋内夹杂其他杂质。

（2）防治措施　切断该段钢筋重新配料对焊。

16. 钢筋、钢丝调直时表面拉伤

（1）原因　调直机压辊间隙不准，调直模不正。

（2）防治措施　调整压辊间隙及调直模至适合被调直钢筋、钢丝尺寸，已出现拉伤的部分用于结构中不重要的位置。

17. 切断尺寸不准和被剪断钢筋端部有钩

（1）原因　定尺板松动、切断刀片松动或定位不准，或刀片磨损严重。

（2）防治措施　紧固定尺板及刀片；调整刀片开口至适合所断钢筋缝隙；更换已严重损伤的刀片；对所断钢筋（其量不会太大），重新切断长的部分，短的再重新切制其他较短钢筋。

18. 箍筋不规方

（1）原因　弯曲定尺移位；成形轴变形；多根箍筋的弯曲角度不准。

（2）防治措施　重新测定弯曲定位尺；更换成形轴；弯曲时多根钢筋对齐贴紧开动机器；严格控制弯曲角度。

对已弯曲成品，超过规范允许的 HPB235 钢重新调整弯曲一次（不允许二次）；对于 HRB335 钢单放，改变用途。

19. 基础桩钢筋笼成形后不圆

（1）原因　成形箍筋直径过小，间距过大。

（2）防治措施　通过设计或技术负责人改变设计，加大成形箍筋直径，缩小间距，增加桩筋的地面施工刚度。

对已成形的桩应拆开重新成形，切记不可伤损主筋。

20. 冷拉钢筋伸长率不合格

（1）原因　钢筋原材含碳过高或强度过高使伸长率过小；控制应力过大或

控制冷拉率过大。

（2）防治措施　伸长率指标小于技术标准的冷钢筋定为不合格品，再对其进行屈服点、抗拉强度、伸长率和冷弯指标试验，合格后挪作架立筋或分布筋使用。

21. 绑扎安装骨架外形不准

（1）原因　各号钢筋加工尺寸不准或扭曲；安装时各号钢筋未对齐或某号钢筋位置不对。

（2）防治措施　测量各号钢筋尺寸，调整扭曲的钢筋；检查各号钢筋的位置并对齐；绑好不合格的拆开重绑。

22. 焊接骨架焊缝开裂，骨架变形

（1）原因　焊条选用不当，与钢筋牌号不匹配；长骨架预留拱度不适合；焊接顺序不当引起焊接变形过大。

（2）防治措施　检查所焊钢筋应需要的焊条牌号，更换焊条；调整胎具上骨架焊接预留拱度；调整各焊口焊接顺序；对焊口开裂和变形较大不宜使用的骨架，因焊条不当的，割开焊口，用氧气炔焰吹去原铁液，重新更换焊条后焊接；对焊接变形较大的割开焊口调整后重焊。

23. 阳台塌落

（1）原因　由于对受拉钢筋位置不甚了解，对其上、下保护层厚度颠倒，或虽明白其受力状态，但保护层垫块不牢或密度不足而造成浇捣混凝土时钢筋网片下沉。

（2）防治措施　在绑扎这种结构钢筋时，提醒操作者注意，并对保护层垫块加固加密，浇捣混凝土时亦应注意操作。预先发现问题的应砸掉重作，以免造成更大损失。

24. 预埋筋移位

在建筑施工中，柱子外伸筋移位、桥梁接柱钢筋移位及桥面预埋钢筋移位是经常出现的。

（1）原因　绑扎时定位绑扎不牢；泵送混凝土冲击力过大；浇筑时震动器或其他方面碰撞。

（2）防治措施　绑扎时增加定位筋，对较高柱子采用与承台筋或其他筋焊接牢固的方法；浇筑混凝土时由专人负责检查复位。

对浇筑时无法恢复的钢筋，在混凝土初凝后及时放线，凿除部分混凝土复位；对较大尺寸的位移，则需与设计共同商讨采用其他方法解决。

25. 露筋

（1）原因　由于钢筋在加工成形中尺寸不符合要求，垫块松动脱落致使在混凝土浇筑过程中露筋。

（2）防治措施　加强对保护层垫块的检查，振捣工注意配合。

对于表层露筋，小面积的用水泥砂浆及时抹平即可，大面积、大体积的则应将周围松散的混凝土凿除，清理干净后及时用混凝土（同标号）补上。

26. 预制小构件搬运折断

（1）原因　上、下层钢筋入笼时放置反向，使本应在下部的抗压钢筋错放在上面，造成出模时折断。

（2）防治措施　若截面外形相同则反过来使用，若截面外形不同则该构件报废。

27. 钢筋遗漏

（1）原因　施工管理不当，没事先熟悉图样和研究钢筋安装顺序。

（2）防治措施　绑扎前先熟悉图样及绑扎顺序，按顺序摆放钢筋。对遗漏钢筋全部补上，遇不好插入部位拆除已绑钢筋重新安装。对于已浇筑混凝上的部分应通过设计部门或降级或报废。

28. 曲线形钢筋笼形状不准

（1）原因　曲线钢筋加工无胎具，形成加工不准确；绑扎时箍筋位置不准确。

（2）防治措施　利用曲线放样胎具加工曲线钢筋，绑扎时箍筋位置放准以控制成形曲线，搬运时轻搬轻放，入模后垫块卡紧以保持形状。已绑完的视情况而定，部分拆除，调整后重绑。

29. 梁、肋箍筋被压弯

（1）原因　梁、肋过高，箍筋设计直径较小，无设计或没及时绑扎构造筋及拉筋。

（2）防治措施　绑扎梁、肋上层钢筋要及时绑扎构造筋和拉筋；无设计时应先绑扎固定，再与设计联系增加。一般梁高在 70mm 以上就应设置构造钢筋和拉筋。

30. 预应力张拉时油泵不持荷

（1）原因　油管接口不紧，漏油；油箱油面过低，形成油气同时注入千斤顶；安全阀调整过低。

（2）防治措施

1）检查油管接口，更换铜垫，重新拧紧，使其不漏油。

2）检查油箱油量，加油，并对千斤顶反复进、放油，排除顶内空气。

3）调整安全阀压力范围使其达到持荷压力以上。

31. 预应力筋张拉伸长值超过规定标准

（1）原因　由于预应力筋的建立值是由张拉控制应力时的实际伸长值与计算伸长值对比而来的，而计算伸长值又是根据混凝土强度弹性模量、管道长度、夹角、摩阻及预应力筋本身的延伸率、强度值、弹性模量等诸多数据综合计算而获得，因此其原因较多。

（2）防治措施　做管道摩阻试验，实测管道摩阻值；调整计算数据中的取值，重新计算伸长值；对预应力筋重做试验或增加试件数量；对已张拉束伸长值较小的，放置1d后再张拉一次检验。

32. 注意事项

在发现质量事故时，处理时切记不可急躁。对小的事故及时采取措施处理，不误施工就可以了；对于较大的事故，甚至有可能会延误工期的事故，要采取边处理补救边分析的方法，以把损失降低到最小。对已造成重大损失的要按程序上报，并按岗位分工追查责任。事故分析的方法要先从自身检查开始：

1）先检查自身对设计图样的了解程度。

2）对材料的进场检查是否全面。

3）加工设备是否适宜，绑扎操作是否适当。

4）设计图样有无失误。

5）材料本身是否有问题。

总之，事故分析要先查自己，后查别人，平心静气地提供有效资料，谁的责任谁负责。

◆◆◆ 第二节　资 料 整 理

一、施工班组技术管理

1. 施工班组技术管理的基本内容和主要任务

建筑企业的施工生产活动必须遵守国家和上级主管部门颁发的各种技术标准和技术规程，这样才能生产出合格的建筑产品。班组作为企业中最直接的生产单位，应能最先体现出企业的技术能力，因此，积累工程施工组织的经验、严格执行技术规程、使操作成果达到标准是施工班组技术管理的基本内容。

施工班组技术管理的主要任务有：

1）严格执行技术管理制度。

2）认真执行施工组织设计，落实好各项技术措施。

3）使用合格的材料和半成品。

4）做好检验批及分项工程质量检验评定工作。

2. 施工技术管理制度

为使技术规程和技术标准落到实处，应建立有质量控制效能的技术管理制度，通常有如下几项：

（1）技术交底　即施工技术人员针对施工操作的项目向施工班组提出的技术方面的标准、规程及操作要点的要求。

技术交底的内容一般有：图样交底、设计变更交底、施工工艺交底、技术措施交底、质量标准交底等。

在施工生产过程中，往往是钢筋班组长在接受上级技术员交底后，将技术交底内容采取口头、文字、示范操作等方式向具体操作人员进行交待、讲解。

（2）图样会审　即钢筋工程施工人员（通常是班组长召集有关技术骨干）在施工操作前对钢筋施工图进行集体审读，通过图样会审达到如下目的：

1）熟悉施工图样，弄清操作内容。

2）领会设计意图，理解操作要点。

3）构思操作过程，明确操作要求。

4）确定合理的施工操作方法。

5）发现图样的矛盾之处，并及时向技术部门汇报。

（3）钢筋配料单核对制度　即设专人对钢筋配料单进行核对，核对内容主要如下：

1）核对抽样的成形钢筋种类是否齐全，有无漏项。

2）钢筋图样是否符合设计要求，是否便于施工。

3）抽样的成形钢筋弯钩、弯折是否符合《施工质量验收规范》的要求。

4）核对各种钢筋下料长度尺寸是否准确。

（4）进场的成形钢筋核对制度　也称为"查料"制度，即加工后的成形钢筋应与配料单进行核对，核对的主要内容如下：

1）加工后进场的成形钢筋的直径、等级、形状是否符合要求，尺寸误差是否在允许偏差范围内。

2）成形钢筋的堆放是否符合标准要求。

（5）"三检"制度、"隐检"制度　这两种制度均纳入有关的规范程序。

二、工程施工质量验收记录

1. 质量验收记录表格

施工生产班组在进行"自检"、"互检"、"交接检"时所用的质量检查评定记录表格与检验批质量验收记录相同，只是参检人员栏目名称稍作改动。

检验批质量验收记录应由施工项目专业质量检查员填写，监理工程师（建设单位项目专业技术负责人）组织施工项目专业质量检查员等进行验收。检验批质量验收记录见表5-11。

表 5-11　检验批质量验收记录

工 程 名 称			分项工程名称			验收部位	
施 工 单 位				专业工长		项目经理	
施工执行标准 名称及编号							
分包单位				分包项目经理		施工班组长	
	质量验收规范的规定		施工单位检查评定记录			监理（建设）单位验收记录	
主控 项目	1						
	2						
	3						
	4						
	5						
	6						
	7						
	8						
	9						
	10						
	⋮						
一般 项目	1						
	2						
	3						
	⋮						
施工单位检查 评定结果	施工项目专业质量检查员					年　　月　　日	
监理（建设）单位 验收结论	监理工程师 （建设单位项目专业技术负责人）					年　　月　　日	

　　分项工程质量应由监理工程师（建设单位项目技术负责人）组织施工单位项目专业技术负责人等进行验收。分项工程的质量验收是在检验批验收合格的基础上进行的。一般情况下，二者有相同或相近的性质，只是批量大小存在差异，因此，分项工程质量验收是各检验批质量验收记录的汇总。分项工程质量验收记录见表 5-12。

表 5-12 分项工程质量验收记录

工程名称		结构类型		检验批数	
施工单位		项目经理		项目技术负责人	
分包单位		分包单位负责人		分项目经理	
序号	检验批部位、区段	施工单位检查评定结果	监理(建设)单位验收结论		
1					
2					
3					
4					
5					
6					
⋮					
检查结论	项目专业技术负责人 年 月 日		验收结论	监理工程师 (建设单位专业技术负责人) 年 月 日	

混凝土结构子分部工程质量应由总监理工程师(建设单位项目专业负责人)组织施工项目经理和有关勘察、设计单位项目负责人进行验收。混凝土结构子分部工程质量验收记录见表 5-13。

表 5-13 混凝土结构子分部工程质量验收记录

工程名称		结构类型		层数	
施工单位		技术部门负责人		质量部门负责人	
分包单位		分包单位负责人		分包技术负责人	
序号	分项工程名称	检查批数	施工单位检查评定	验收意见
1	钢筋分项工程			
2	预应力分项工程			
3	混凝土分项工程			
4	现浇结构分项工程			
5	装配式结构分项工程			
质量控制资料				
结构实体检验报告				
观感质量验收				

（续）

验收单位	分包单位	项目经理	年　　月　　日
	施工单位	项目经理	年　　月　　日
	勘察单位	项目负责人	年　　月　　日
	设计单位	项目负责人	年　　月　　日
	监理（建设）单位	总监理工程师 （建设单位项目专业负责人）　年　　月　　日	

2. 质量验收记录表格的填写

（1）施工执行标准名称及编号　钢筋工程施工执行的标准名称及编号如下：

名称：《混凝土结构工程施工质量验收规范》。

编号：GB 50204—2010。

（2）检查项目　即为《混凝土结构工程施工质量验收规范》（以下简称《规范》）中的钢筋分项工程或预应力分项工程中的条文。

一般情况下，《规范》中的条文表述文字较多，因此，可恰当简化后填入表中；简化不能达到恰当、准确时，可再注上条文编号，以保证检查项目的准确。

（3）质量验收规范的规定　即《规范》中条文提出的标准，填写时同样需注意准确地简化。

（4）施工单位检查评定记录　就是按照《规范》中条文提出的质量标准、检查数量、检查方法，对操作成品的实体进行检查，并记录下各检查点是否达到标准的要求。

（5）施工单位检验评定结果　依据《规范》，检验批合格质量应符合下列规定：

1）主控项目的质量经抽样检验合格。

2）一般项目的质量抽样检验合格；当采用计数检验时，除有专门要求外，一般项目的合格点率应达到80%及以上，且不得有严重缺陷。

3）具有完整的施工操作依据和质量验收记录。

复习思考题

1. 简述钢筋加工的检验项目、具体要求、检查数量和检验方法。

2. 钢筋的连接和安装有哪些检验项目？

3. 预应力工程的原材料检验有哪些主控项目和一般项目？

4. 简述预应力筋张拉和放张的检验项目、具体要求、检查数量和检验方法。

5. 灌浆及封锚的检验项目有哪些？

6. 钢筋成形后发生变形，主要是什么原因？如何防止？

7. 如何防止同一截面钢筋接头过多？

8. 导致现浇肋形楼板的负弯距钢筋歪斜，甚至倒垂在下部受力钢筋上的原因是什么？怎样防止？

9. 结构预留钢筋锈蚀的措施有哪些？

10. 如何防止弯起钢筋的放置方向错误？

11. 钢筋保护层垫块设置不合格有哪些表现？

12. 如何防止钢筋弯曲成形后弯曲处断裂？

13. 钢筋对焊不上是什么原因？

14. 如何防止钢筋、钢丝调直时表面拉伤？

15. 在建筑施工中出现柱子外伸筋移位、桥梁接柱钢筋移位及桥面预埋钢筋移位是什么原因造成的？

16. 预应力筋张拉伸长值超过规定标准怎么办？

17. 施工班组技术管理的主要任务是什么？

18. 检验批合格质量应符合什么规定？

试 题 库

知识要求试题

一、判断题（对画 √,错画 ×）

1. 施工图的尺寸标注一般以厘米为单位。 （ ）

2. 柱平法施工图有列表注写和截面注写两种注写方式。 （ ）

3. φ10@100，表示箍筋为 HPB235（Ⅰ级）钢筋，直径为 10mm，间距为 100mm，沿柱全高加密。 （ ）

4. 柱平法施工图截面注写方式，是在分标准层绘制的柱平面布置图的柱截面上，分别在同一编号的柱中选择一个截面，以直接注写截面尺寸和配筋具体数值的方式来表达柱平法施工图。 （ ）

5. 梁平法施工图是指在梁平面图上采用平面注写这一种方式表达。 （ ）

6. 平面注写包括集中标注与原位标注，施工时集中标注取值优先。 （ ）

7. φ10@100/200(4)，表示箍筋为 HPB235（Ⅰ级）钢筋，直径为 10mm，加密区间距为 100mm，非加密区间距为 200mm，均为 4 肢箍。 （ ）

8. φ10@100(4)/150(2)，表示箍筋为 HPB235（Ⅰ级）钢筋，直径为 8mm，加密区间距为 100mm，2 肢箍；非加密区间距为 150mm，4 肢箍。 （ ）

9. 梁中配有 N6Φ22，其中 N 表示纵向构造钢筋。 （ ）

10. 梁下部纵筋为 6Φ252(-2)/4，则表示上排纵筋为 2Φ25 且不伸入支座；下一排纵筋为 4Φ25，全部伸入支座。 （ ）

11. 当梁高大于 700mm 时，应设置侧面纵向构造钢筋，设计图中不再标注。 （ ）

12. 在现浇板配筋平面图中，每种规格的钢筋只画一根，按其立面形状画在钢筋安放的位置上。若板中有双层钢筋时，底层钢筋弯钩应向上或向右画出，顶层钢筋弯钩应向下或向左画出。 （ ）

13. 板式楼梯平法施工图在楼梯平面图上采用平面注写方式表达。 （　　）

14. 施工用钢筋应平直，表面不得有裂纹、油污、颗粒状或片状老锈。

（　　）

15. 钢筋检验时，热轧圆钢盘条的取样数量为每批盘条取拉伸试件 1 根，化学分析试件 1 根，弯曲试件 1 根。 （　　）

16. 钢筋检验时，热轧光圆钢筋、余热处理钢筋、热轧带肋钢筋的取样数量为每批取拉伸试件 2 根，弯曲试件 2 根，化学分析试件 1 根。 （　　）

17. 钢筋检验时，冷轧扭钢筋的取样数量为每批取拉伸试件 1 根，弯曲试件 1 根。 （　　）

18. 钢筋力学性能检验的试件制备长度中，拉伸试件的原始标距，钢筋取 $5d$（短试件）和 $10d$（长试件），d 为钢筋直径。 （　　）

19. 钢筋力学性能检验的试件制备长度中，拉伸试件的原始标距，钢丝取 100mm 或 200mm。 （　　）

20. 将钢筋力学性能试验得出的数据填入钢筋试验报告单，加盖试验单位及技术监理部门的印章后，即成为具有法律效力的钢筋有关性能质量的依据。

（　　）

21. 为了保证结构的耐久性，裂缝宽度一般应控制在 0.1～0.2mm，此时钢筋应力仅为 150～250MPa。 （　　）

22. 握裹型锚具、夹具因其耗钢量大，装配复杂，故较少采用，一般只在特殊情况下采用。 （　　）

23. 钢筋镦头是指将钢筋端部制成灯笼形圆头，作为预应力筋的锚固之用。

（　　）

24. 钢筋放大样图中比例越小，图样表示得越详细；比例越大，图样表示得越简略。 （　　）

25. 在钢筋施工过程中，钢筋配料单可以作为钢筋加工与绑扎的依据。

（　　）

26. 料牌随着加工工艺传送，最后系在加工好的钢筋上作为标志，因此料牌必须严格校核，准确无误，以免返工浪费。 （　　）

27. 混凝土保护层厚度是指在钢筋混凝土构件中，钢筋外边缘到构件边端之间的距离。 （　　）

28. 混凝土保护层的最小厚度取决于构件的耐久性和受力钢筋粘接锚固性能的要求。 （　　）

29. 混凝土保护层厚度越大越好。 （　　）

30. 梁、柱中箍筋和构造钢筋的保护层厚度不应小于 15mm。 （　　）

31. 钢筋接头宜设置在受力较小处，同一根钢筋上宜少设接头。 （　　）

32. 同一构件中的纵向受力钢筋接头宜相互错开。（　　）

33. 当受拉钢筋的直径大于 28mm 及受压钢筋的直径大于 32mm 时，不宜采用绑扎搭接接头。（　　）

34. 轴心受拉及小偏心受拉杆件（如桁架和拱的拉杆）的纵向受力钢筋不得采用绑扎搭接接头。（　　）

35. 直接承受动力荷载的结构构件，其纵向受拉钢筋可以采用绑扎搭接接头。（　　）

36. 纵向受拉钢筋搭接接头的面积百分率，不宜大于 25%。（　　）

37. 构件中的纵向受压钢筋，当采用搭接连接时，其受压搭接长度不应小于纵向受拉钢筋搭接长度的 0.7 倍，且在任何情况下不应小于 200mm。（　　）

38. 箍筋调整值是弯钩增加长度和弯曲调整值之和或差，根据箍筋外包尺寸或内皮尺寸而定。（　　）

39. 对吊车梁、屋架下弦等抗裂性要求高的构件，不宜用 HPB235 级光圆钢筋代替 HRB335 级、HRB400 级变形钢筋，以免裂缝开展过宽。（　　）

40. 梁的纵向受力钢筋与弯起钢筋应分别进行代换。（　　）

41. 偏心受压构件或偏心受拉构件作钢筋代换时，不取整个截面配筋量计算，应按受力面（受拉或受压）分别进行代换。（　　）

42. 有抗震要求的框架，可以用强度等级较高的钢筋代替原设计中的钢筋。（　　）

43. 同一截面内，可同时配有不同种类和不同直径的钢筋，但每根钢筋的拉力差不应过大（如同一品种的钢筋直径差值一般不大于 5mm），以免构件受力不均。（　　）

44. 当构件受裂缝宽度控制时，若以小直径钢筋代换大直径钢筋，强度等级低的钢筋代替强度等级高的钢筋，则可不作裂缝宽度验算。（　　）

45. 钢筋绑扎接头宜设置在受力较小处。（　　）

46. 同一纵向受力钢筋可以设置两个或两个以上接头。（　　）

47. 同一构件中相邻纵向受力钢筋的绑扎接头宜相互错开。（　　）

48. 绑扎搭接接头中钢筋的横向间距不应小于钢筋直径，且不应小于 25mm。（　　）

49. 在绑扎接头的搭接长度范围内，应采用铁丝绑扎两点。（　　）

50. 冷轧带肋钢筋严禁采用焊接接头，但可制成点焊网片。（　　）

51. 绑扎钢筋的铁丝头应朝内，不能侵入到混凝土保护层厚度内。（　　）

52. 轴心受拉和小偏心受拉构件中的钢筋接头应采用绑扎连接。（　　）

53. 普通混凝土中直径大于 25mm 的钢筋和轻骨料混凝土中直径大于 20mm 的钢筋不应采用绑扎接头。（　　）

54. 独立柱基础为双向弯曲，其底面长边钢筋应放在短边钢筋的上面。
（　　）

55. 双层钢筋网的上层钢筋弯钩应朝上。（　　）

56. 多边形柱角筋弯钩为模板内角的平分角。（　　）

57. 圆形柱钢筋弯钩应与模板切线垂直。（　　）

58. 冷却塔筒壁钢筋一般采用传统的单层钢筋网，以克服双层钢筋不能抵抗温度应力及壳面施工偏差造成的弯矩的缺陷。（　　）

59. 设计要求箍筋设拉筋时，接筋应钩住箍筋。（　　）

60. 柱子主筋若有弯钩，弯钩应朝向柱心。（　　）

61. 牛腿钢筋应放在柱的纵向钢筋外侧。（　　）

62. 现浇框架板钢筋绑扎时，按画好的间距，先摆分布筋，再放受力主筋。
（　　）

63. 绑扎负弯矩钢筋，每个扣均要绑扎。（　　）

64. 雨篷板的受力筋配置在构件断面的下部，并将受力筋伸进雨篷梁内。
（　　）

65. 肋形楼盖中，在板、次梁与主梁的交叉处，板的钢筋在上，次梁的钢筋居中，主梁的钢筋在下。（　　）

66. 楼梯钢筋骨架采用模内安装绑扎的方法，即现场绑扎。（　　）

67. 楼梯钢筋绑扎时，钢筋的弯钩应全部向内。（　　）

68. 墙板钢筋（双层网片）绑扎时，垂直钢筋每段长度不宜超过4m。（　　）

69. 墙板钢筋（双层网片）绑扎时，钢筋的弯钩应朝向混凝土。（　　）

70. 池壁钢筋的绑扎要从四面对称进行，避免池壁钢筋网向一个方向发生歪斜。（　　）

71. 预埋件的锚固筋宜采用冷加工钢筋。（　　）

72. 采用滑模工艺，应在模板组装前提前绑扎首段钢筋。（　　）

73. 烟囱采用滑模施工，烟道口竖筋很长时，可搭设井字架予以架立，烟道口上口环筋分层绑扎。（　　）

74. 受力钢筋接头位置不宜位于最大弯矩处，并应互相错开。（　　）

75. 钢筋混凝土桩钢筋笼中，主筋应低于最上面一道箍筋，以便锚入承台。
（　　）

76. 沉管灌注桩，钢筋笼外径应比钢管内径小 60~80mm。（　　）

77. 预埋件的锚固筋必须位于构件主筋外侧，这样才能使预埋件得到可靠的锚固。（　　）

78. 地下室（箱形基础）钢筋绑扎时，箍筋弯钩的叠合处应交错绑扎。（　　）

79. 先张法施工一般有台线法施工（也称长线法）和模板法施工（也称机组流

水法）两种。 （　　）

80. 墩式台座采用台墩与台面共同工作时，台墩的水平推力主要传给了台面，因此，对台墩只进行抗倾覆稳定性和强度验算，可不作承载力验算；对台面应进行抗滑移验算。 （　　）

81. 预应力钢丝和钢绞线下料，应采用电弧切割。 （　　）

82. 预制空心板梁的张拉顺序为先张拉中间一根，再逐步向两边对称进行。 （　　）

83. 张拉预应力筋时，沿台座长度方向每隔 4～5m 放一个防护架，两端严禁站人，也不准进入台座。 （　　）

84. 预应力钢丝束可以直接张拉。 （　　）

85. 钢绞线、钢丝束下料采用砂轮切割机或液压切割机切割。 （　　）

86. 螺旋管安装就位过程中，应尽量避免反复弯曲，以防管壁开裂。同时，还应防止电焊火花烧伤管壁。 （　　）

87. 可以用目测方法检验受力钢筋的弯钩和弯折是否符合要求。 （　　）

88. 钢筋连接是否符合要求应检查产品合格证及接头力学性能试验报告。 （　　）

89. 受拉钢筋搭接区段的箍筋间距不应大于搭接钢筋较小直径的 5 倍，且不应大于 100mm。 （　　）

90. 为了保证预应筋的质量，预应力筋进场时应检查产品合格证、出厂检验报告和进场复验报告。 （　　）

91. 预应力筋所用锚具、夹具和连接器应按设计要求采用，故进场时可只检查进场复检报告。 （　　）

92. 检查钢筋制作与安装质量是否符合要求，检查的方法，其一为观察，其二为用金属直尺检查。 （　　）

93. 先张法预应力筋放张时，首先放松锚固装置，然后各根预应力筋尽快同时放松。 （　　）

94. 采用应力控制方法张拉时，只要应力达到要求即可。 （　　）

95. 预应力筋张拉锚固后实际建立的预应力值与工程设计规定检验值的相对允许偏差为 ±5%。 （　　）

96. 对于预应力构件的灌浆及封锚的检查，采用抽查即可。 （　　）

97. 现浇肋形楼板、负弯距钢筋歪斜的主要原因：一是绑扎不牢；二是只有几根分布筋连接，整体性差，施工中不注意人为碰撞。 （　　）

98. 弯起钢筋的放置方向错误的主要原因：事先没有对操作人员认真交底，造成操作错误，或在钢筋骨架立模时疏忽大意。 （　　）

99. 钢筋对焊不上的原因是工人操作不当。 （　　）

100. 技术交底的内容一般有：图样交底、设计变更交底、施工工艺交底、技术措施交底、质量标准交底等。　　　　　　　　　　　　　　（　　）

101. 柱平法施工图列表注写方式中，框架柱和框支柱的根部标高系指基础顶面标高。　　　　　　　　　　　　　　　　　　　　　　　（　　）

102. 柱平法施工图列表注写方式中，芯柱的根部标高系指根据结构实际需要而定的终止位置标高。　　　　　　　　　　　　　　　　　　（　　）

103. 柱平法施工图列表注写方式中，梁上柱的根部标高系指梁顶面标高。
　　　　　　　　　　　　　　　　　　　　　　　　　　　　　　　（　　）

104. 柱平法施工图列表注写方式中，当柱纵筋锚固在墙顶部时，其根部标高为墙底面标高。　　　　　　　　　　　　　　　　　　　　　（　　）

105. 柱平法施工图列表注写方式中，当柱与剪力墙重叠一层时，其根部标高为墙顶面往下一层的结构层楼面标高。　　　　　　　　　　　　（　　）

106. 柱平法施工图列表注写方式中，当柱纵筋直径相同，各边根数也相同时，纵筋在"全部纵筋"一栏中。　　　　　　　　　　　　　　　（　　）

107. 柱平法施工图列表注写方式中，柱纵筋分角筋、截面 b 边中部筋和 h 边中部筋三项分别注写。　　　　　　　　　　　　　　　　　（　　）

108. 柱平法施工图列表注写方式中，对于采用对称配筋的矩形截面柱，可仅注一侧中部筋，对称边省略不注。　　　　　　　　　　　　　　（　　）

109. 柱平法施工图列表注写方式中，箍筋类型号及箍筋肢数在箍筋类型栏内注写。　　　　　　　　　　　　　　　　　　　　　　　　　（　　）

110. 柱平法施工图截面注写方式中，对于采用对称配筋的矩形截面柱，可仅在一侧注写中部筋，对称边省略不注。　　　　　　　　　　　　（　　）

111. 梁截面采用平面注写表达时，不需要绘制梁截面配筋图及相应截面号。
　　　　　　　　　　　　　　　　　　　　　　　　　　　　　　　（　　）

112. 梁集中标注的内容中，梁截面尺寸为必注值。　　　　　　　　（　　）

113. 梁集中标注的内容中，梁箍筋包括钢筋级别、直径、间距及肢数，该项为必注值。　　　　　　　　　　　　　　　　　　　　　　　　（　　）

114. 梁集中标注的内容中，梁上部贯通筋或架立筋根数为选注值。（　　）

115. 梁集中标注的内容中，梁编号为必注值。　　　　　　　　　　（　　）

116. 梁集中标注中，梁的侧面配置的纵向构造筋或受扭钢筋为必注值。当梁腹板高度 h_w ≥450mm 时，须配置纵向构造钢筋，此项注写值以大写字母 G 打头，接连注写设置在梁两个侧面的总配筋值，且对称配置。　　　　（　　）

117. 梁原位标注中，梁支座上部纵筋指含贯通筋在内的所有纵筋。当上部纵筋多于一排时，用斜线"/"将各排纵筋自上而下分开。　　　　（　　）

118. 梁原位标注中，梁支座上部纵筋，当同一排纵筋有两种直径时，用加

号 "+" 将两种直径的纵筋相连，后面的为角部纵筋。　　　　　　（　　）

119. 梁原位标注中，当梁中间支座两边的上部纵筋不同时，须在支座两边分别标注；当梁中间支座两边的上部纵筋相同时，可仅在支座的一边标注配筋值，另一边省去不注。　　　　　　　　　　　　　　　　　　　　（　　）

120. 梁原位标注中，梁的下部纵筋多于一排时，用斜线 "/" 将各排纵筋自下而上分开。　　　　　　　　　　　　　　　　　　　　　　　　（　　）

121. 梁原位标注中，梁的下部纵筋，当同一排纵筋有两种直径时，用加号 "+" 将两种直径的纵筋相连，角筋注写在后面。　　　　　　　　　（　　）

122. 梁原位标注中，当梁下部纵筋不全部伸入支座时，将支座下纵筋减少的数量写在括号内。　　　　　　　　　　　　　　　　　　　　　（　　）

123. 梁原位标注中，将附加箍筋或吊筋直接画在平面图中的主梁上，用线引注总配筋值。　　　　　　　　　　　　　　　　　　　　　　　（　　）

124. 在截面配筋图上注写截面尺寸 $b \times h$、上部筋、下部筋、侧面筋和箍筋的具体数值时，截面注写方式与平面注写方式相同。　　　　　　　（　　）

125. 梁平法施工图截面注写方式不能和平面注写方式同时使用。（　　）

126. 无粘结预应力筋的张拉顺序，应根据钢丝束的铺设顺序确定，先铺设的先张拉，后铺设的后张拉。　　　　　　　　　　　　　　　　（　　）

127. 在现浇板配筋平面图中，每种规格的钢筋只画一根，按其立面形状画在钢筋安放的位置上。　　　　　　　　　　　　　　　　　　　（　　）

128. 在现浇板配筋平面图中，若板中有双层钢筋，底层钢筋弯钩应向下或向左画出，顶层钢筋弯钩应向上或向右画出。　　　　　　　　（　　）

129. 在现浇板配筋平面图中，与受力筋垂直的分布筋不应画出，但应画在钢筋表中或用文字加以说明。　　　　　　　　　　　　　　（　　）

130. 楼梯平面布置图应按照楼梯的标准层采用适当比例集中绘制，或与标准层的梁平法施工图一起绘制在同一张图上。　　　　　　　　（　　）

131. 板式楼梯平法施工图的平面注写方式，是在楼梯平面图上注写截面尺寸和配筋具体数值。　　　　　　　　　　　　　　　　　　　（　　）

132. 在挤压式锚具中，握裹预应力筋是通过它的某些零件在强大挤压力作用下发生弹性变形实现的。　　　　　　　　　　　　　　　　（　　）

133. 台座式液压千斤顶的机械代号为 YT。　　　　　　　　（　　）

134. 电动螺杆张拉机的机械代号为 LD。　　　　　　　　　（　　）

135. 电动卷扬张拉机的机械代号为 YL。　　　　　　　　　（　　）

136. 拉杆式千斤顶的机械代号为 LY。　　　　　　　　　　（　　）

137. 穿心式千斤顶的机械代号为 YC。　　　　　　　　　　（　　）

138. 锥锚式千斤顶的机械代号为 YZ。　　　　　　　　　　（　　）

139. 图样的比例是指图形与实物相对应的线性尺寸之比。　　　（　　）

140. 放样操作中常用比例越小，图样越详细、越清楚。　　　（　　）

141. 钢筋配料单是根据施工图样中钢筋的品种、规格及外形尺寸、数量进行编号，并计算下料长度，用表格形式表达的单据。　　　（　　）

142. 研读施工图应做到熟悉了解、审查核对、妥善处理。　　　（　　）

143. 研读施工图时，对于图样上明确，但由于施工条件限制而不能完全按图施工的，不得采用其他变通方法。　　　（　　）

144. 钢筋配料单一般由构件名称、钢筋编号、钢筋简图、尺寸、钢号、数量、下料长度及重量等内容组成。　　　（　　）

145. 在钢筋施工过程中仅有钢筋配料单就能作为钢筋加工与绑扎的依据，钢筋料牌可有可无。　　　（　　）

146. 混凝土保护层厚度在施工图样中没有注明时，应按《混凝土结构设计规范》（GB 50010—2010）中规定的混凝土保护层最小厚度执行。　　　（　　）

147. 纵向受力钢筋的混凝土保护层最小厚度不得少于钢筋的公称直径。

　　　（　　）

148. 预制钢筋混凝土受弯构件，钢筋端头的保护层厚度不应小于 15mm。

　　　（　　）

149. 对承受重复荷载的预制构件，应将纵向受拉钢筋的末端焊接在钢板或角钢上。　　　（　　）

150. 直径大于 12mm 的钢筋，应优先采用绑扎搭接接头或机械连接接头。

　　　（　　）

151. 无粘结预应力筋的张拉与后张法带有螺纹端杆锚具的钢丝束张拉相似，一般采用一次超张拉，也可采用二次张拉。　　　（　　）

152. 直接承受动力荷载的结构构件中，其纵向受拉钢筋不得采用绑扎搭接接头。　　　（　　）

153. 直钢筋下料长度 = 构件长度 − 保护层厚度 − 弯钩增加长度。　（　　）

154. 弯起钢筋下料长度 = 直段长度 + 斜段长度 + 弯钩增加长度 + 弯曲调整值。

　　　（　　）

155. 箍筋下料长度 = 直段长度 + 弯钩增加长度 − 弯曲调整值。

　　　（　　）

156. 曲线钢筋（环形钢筋、螺旋箍筋、抛物线钢筋等）下料长度 = 钢筋长度计算值 + 弯钩增加长度。　　　（　　）

157. 常用钢筋下料长度计算中，钢筋需要搭接的话，还应加上钢筋搭接长度。　　　（　　）

158. 在钢筋放大样中，水平分段越长，其曲线长度的计算结果精确度越高；反之水平分段越短，其曲线长度的计算结果精确度越低。

159. 铺设双向配筋的无粘结筋时，应先铺设标高较高的无粘结筋，再铺设标高较低的无粘结筋。 （　　）

160. 构件中的非预应力钢筋，因弯曲会使长度发生变化，所以配料时不能根据配筋图尺寸直接下料。 （　　）

161. 无粘结预应力钢绞线以镦头为主。 （　　）

162. 对吊车梁、屋架下弦等抗裂性要求高的构件，可以用 HPB235 级光圆钢筋代替 HRB335 级、HRB400 级变形钢筋。 （　　）

163. 梁的纵向受力钢筋与弯起钢筋可同时进行代换。 （　　）

164. 偏心受压构件或偏心受拉构件作钢筋代换时，以整个截面配筋量计算。 （　　）

165. 无粘结预应力钢丝束以 XM 型锚具为主。 （　　）

166. 当构件受裂缝宽度控制时，可以小直径钢筋代换大直径钢筋，强度等级低的钢筋代替强度等级高的钢筋，但需作裂缝宽度验算。 （　　）

167. 在混凝土浇筑过程中，混凝土的运输应有自己独立的通道。 （　　）

168. 运输混凝土不能损坏成品钢筋骨架。 （　　）

169. 混凝土施工缝不应随意留置，其位置应事先在施工技术方案中确定，应尽可能留置在受剪力较大的部位，并且便于施工。 （　　）

170. 条形基础钢筋绑扎顺序为：绑条形骨架→绑扎底板网片。 （　　）

171. 绑扎基础钢筋网时，四周两行钢筋交叉点应每点扎牢，中间部分交叉点可相隔交错扎牢，但必须保证分布钢筋不发生位移。 （　　）

172. 绑扎基础钢筋网时，双向主筋的钢筋网须将全部钢筋相交点扎牢。 （　　）

173. 绑扎基础钢筋网时，应注意相邻绑扎点的铁丝扣要成八字形，以免网片歪斜变形。 （　　）

174. 现浇柱与基础连接用的插筋，其箍筋应比柱的箍筋增大一个柱筋直径，以便连接。 （　　）

175. 现浇柱与基础连接用的插筋，位置一定要固定牢靠，以免造成柱轴线偏移。 （　　）

176. 现浇框架柱钢筋绑扎顺序为：确定钢筋位置→摆放钢筋→绑扎。 （　　）

177. 现浇框架柱钢筋绑扎中多边形柱角筋弯钩为模板内角的平分角。 （　　）

178. 现浇框架柱钢筋绑扎中，圆形柱钢筋弯钩应与模板切线垂直。 （　　）

179. 箍筋转角与主筋交点均要绑扎，主筋与箍筋非转角部分交点可用梅花式交错绑扎。 （　　）

180. 箍筋的接头（即弯钩叠合处）应沿柱子横向交错布置。（　　）

181. 在后张法中，浇筑混凝土时预留孔道允许出现小的移位和变形。
（　　）

182. 绑扎接头长度应符合设计要求。若设计无明确要求时，纵向受拉钢筋接头长度应按受拉钢筋最小绑扎搭接长度规定采用。（　　）

183. 垫保护层用砂浆垫块时，垫块应绑在竖筋外皮上，用塑料卡时应卡在外排钢筋上，间距一般 500mm 左右，以保证主筋保护层厚度的正确。（　　）

184. 绑扎现浇悬挑雨篷钢筋时，主筋在上，分布筋在主筋的内侧，位置应正确，不可放错。（　　）

185. 为保证柱的伸出钢筋位置准确，外伸部分钢筋可加 1～2 道临时箍筋，按图样位置安好，然后用样板、铁卡或方木卡好固定。（　　）

186. 柱子钢筋也可先绑扎成骨架后整体安装。整体安装时，应保证起吊不使钢筋变形。（　　）

187. 绑扎牛腿柱钢筋骨架时，柱子主筋若有弯钩，弯钩不应朝向柱心。
（　　）

188. 绑扎牛腿柱钢筋骨架时，绑扎接头的搭接长度，应符合设计要求和规范规定。在搭接长度内，绑扣要朝向柱内，便于箍筋向上移动。（　　）

189. 绑扎现浇悬挑雨篷钢筋时，钢筋的弯钩应全部向外。（　　）

190. 现浇框架板钢筋绑扎顺序为：清理模板→模板上画线→绑扎下层钢筋→绑扎上层（负弯矩）钢筋。（　　）

191. 现浇框架板钢筋绑扎顺序为：清理模板→模板上画线→绑扎上层（负弯矩）钢筋→绑扎下层钢筋。（　　）

192. 雨篷板为悬挑式构件，为防止板的倾覆，雨篷板与雨篷梁必须一次整浇。
（　　）

193. 绑扎现浇板钢筋时，双向板钢筋在相应点绑扎，单向板外围两根钢筋的相交点、中间点均可隔点交错绑扎；绑扎一般用八字扣。（　　）

194. 绑扎现浇板钢筋时，双层钢筋的绑扎顺序为先下层后上层，两层钢筋之间，须加钢筋支架，间距 1m 左右，并和上下层钢筋连成整体，以保证上层钢筋的位置。（　　）

195. 雨篷钢筋骨架在模内绑扎时，不准踩在钢筋骨架上进行绑扎。（　　）

196. 雨篷板双向钢筋的交叉点可隔点绑扎，铁丝方向呈八字形。（　　）

197. 肋形楼盖板箍筋的接头应交错布置在两根架立钢筋上。（　　）

198. 肋形楼盖中，当有圈梁或垫梁时，主梁的钢筋在下。（　　）

199. 绑扎框架梁柱节点钢筋时，柱的纵向钢筋弯钩应朝向柱心。（　　）

200. 绑扎框架梁柱节点钢筋时，梁的钢筋应放在柱的纵向钢筋外侧。

（　　）

201. 绑扎框架梁柱节点钢筋时，箍筋的接头应交错布置在柱四个角的纵向钢筋上。　　　　　　　　　　　　　　　　　　　　　　（　　）

202. 绑扎框架梁柱节点钢筋时，箍筋转角与纵向钢筋交叉点均应绑扎牢固。

（　　）

203. 绑扎框架梁柱节点钢筋时，柱梁箍筋在弯钩叠合处错开。（　　）

204. 绑扎楼梯钢筋骨架时，钢筋的弯钩应全部向内。（　　）

205. 绑扎楼梯钢筋时，作业开始前，检查模板及支撑是否牢固，可以踩在钢筋骨架上进行绑扎。　　　　　　　　　　　　　　　　　（　　）

206. 池壁钢筋接头应错开位置。

207. 绑扎池壁钢筋网时，不应将带有铁丝的保护层垫块绑上。（　　）

208. 绑扎地下室底板钢筋时，双向受力的钢筋可以跳扣绑扎。（　　）

209. 地下室底板上下层钢筋有接头时，应按规范要求错开，其位置和搭接长度均应符合规范和设计要求。　　　　　　　　　　　　　（　　）

210. 地下室底板钢筋搭接处，应在中心和两端按规定用铁丝扎牢。（　　）

211. 墙筋应逐点绑扎，其搭接长度及位置应符合设计和规范要求。（　　）

212. 滑动模板（滑模）中，钢筋加工的长度，应根据结构尺寸及滑模工艺要求计算得出。　　　　　　　　　　　　　　　　　　　（　　）

213. 加工滑动模板（滑模）钢筋时，大直径受拉钢筋一般采用焊接。（　　）

214. 绑扎滑动模板（滑模）钢筋时，为确保钢筋位置准确，梁的钢筋应先绑后滑。　　　　　　　　　　　　　　　　　　　　　　　（　　）

215. 绑扎滑动模板（滑模）钢筋时，为确保钢筋位置准确，对竖向钢筋，可利用提升架横梁上的通长槽钢定位。　　　　　　　　　　　　（　　）

216. 绑扎滑动模板（滑模）钢筋时，为确保钢筋位置准确，对墙体双排钢筋，可每隔一定距离焊上短筋。　　　　　　　　　　　　　　　　（　　）

217. 绑扎滑动模板（滑模）钢筋时，为确保钢筋位置准确，柱子钢筋在一定高度绑上临时定位箍筋。　　　　　　　　　　　　　　　　（　　）

218. 绑扎滑动模板（滑模）钢筋时，应使最上一道水平钢筋留在混凝土内，作为绑扎上一道钢筋的标志。　　　　　　　　　　　　　　（　　）

219. 剪力墙钢筋搭接时，水平钢筋和竖向钢筋的搭接要相互错开。（　　）

220. 剪力墙预制点焊网片绑扎搭接时，网片立起后应用木方临时支撑，然后逐根绑扎根部搭接钢筋，搭接长度要符合规范规定。　　　　（　　）

221. 绑扎烟囱基础钢筋时，主副筋位置应按 1/2 错开，相交点用铁丝绑扎牢固。　　　　　　　　　　　　　　　　　　　　　　　（　　）

222. 绑扎环形及圆形基础钢筋时，为确保筒壁基础插筋位置正确，除依靠弹线外，还应在其杯口上部和下部绑扎 1~2 道固定圈，固定圈可按其所在位置设计半径制作。   （   ）

223. 绑扎烟囱的小型壳体基础钢筋时，可在胎模上绑扎成罩形钢筋网，然后运往现场安装。   （   ）

224. 钢筋混凝土烟囱筒身的钢筋由垂直竖筋与水平环筋所组成，其绑扎顺序为先环筋后竖筋。   （   ）

225. 钢筋混凝土烟囱筒壁设计为双层配筋时，水平环筋的设置，应尽可能地便于施工，内侧水平环筋绑在内侧立筋以外，外侧水平环筋绑在外侧竖筋以内。   （   ）

226. 冷却塔钢筋的下料长度一般按使用的模板尺寸确定，避免因钢筋过长而倒伏，给绑扎带来不便。   （   ）

227. 冷却塔钢筋下料后，应按长度顺序和规格，垫方木分类堆放。（   ）

228. 冷却塔钢筋垂直运输至操作平台后，按各构件需用量均匀堆放。（   ）

229. 冷却塔筒壁钢筋绑扎一般从竖井架处或其对面一点（开始安装内模板位置处）开始，分组向相反方向进行，最后闭合。   （   ）

230. 绑扎冷却塔筒壁钢筋时，为了内层钢筋绑扎方便，在经设计人员同意后，可将内侧竖向钢筋与环向钢筋绑扎位置互换。   （   ）

231. 绑扎冷却塔筒壁钢筋时，先绑扎内侧环向钢筋，再绑扎内侧竖向钢筋，在环向钢筋与内模板之间垫好保护层，最后绑扎外侧环向筋和竖向筋。（   ）

232. 冷却塔筒壁竖向钢筋数量应按人字柱顶部中心的间距来控制，每施工 10~15 节，应用经纬仪对竖向钢筋位置进行测定和复查。   （   ）

233. 制作钢筋混凝土桩钢筋笼时，主筋应高出最上面一道箍筋，以便锚入承台。   （   ）

234. 在先张法施工中，预应力钢绞线的张拉力，一般采用伸长值校核。   （   ）

235. 在先张法施工中，预应力钢丝宜用牵引车铺设。   （   ）

236. 在先张法施工中，预应力钢丝由于张拉工作量大，宜采用一次张拉程序。   （   ）

237. 在先张法施工中，预制梁的张拉顺序为先张拉中间一根，再逐步左右对称进行。   （   ）

238. 在先张法施工中，若梁顶预拉区配有预应力筋应先张拉。（   ）

239. 在先张法施工中，整体张拉时，张拉前宜采用小型千斤顶在固定端逐根调整钢绞线初应力。   （   ）

240. 在先张法施工中，采用低松弛钢绞线时，可采取二次张拉程序。（   ）

241. 在先张法施工中，预应力钢丝张拉时，伸长值要作校核。　　　（　　）

242. 在先张法施工中，在张拉过程中发生断丝或滑脱钢丝时，应予以更换。
　　　　　　　　　　　　　　　　　　　　　　　　　　　　　（　　）

243. 在先张法施工中，对于重叠生产的构件，当最下层构件混凝土强度符合要求时，才可进行预应力放张。　　　　　　　　　　　　　　　（　　）

244. 在先张法施工中，轴心受预压的构件（如拉杆、桩等），所有预应力筋应分区域放张。　　　　　　　　　　　　　　　　　　　　　　　（　　）

245. 在先张法施工中，对于偏心受预压的构件（如梁等），应同时放张所有预应力筋。　　　　　　　　　　　　　　　　　　　　　　　　　（　　）

246. 在先张法施工中，放张前应先拆除侧模，以便放张时构件能自由伸缩，否则会损坏模板或使构件开裂。　　　　　　　　　　　　　　　　（　　）

247. 在先张法施工中，预应力筋的放张工作，应快速进行，防止冲击。
　　　　　　　　　　　　　　　　　　　　　　　　　　　　　（　　）

248. 在后张法施工中，单根预应力钢筋的下料长度，应由计算确定。为了保证预应力筋下料长度有一定的精度，对其冷拉率必须先行测定，作为计算预应力筋下料长度的依据。　　　　　　　　　　　　　　　　　　　（　　）

249. 在后张法施工中，钢绞线、钢丝束下料可采用电焊、气割设备切割。
　　　　　　　　　　　　　　　　　　　　　　　　　　　　　（　　）

250. 在后张法施工中，预应力钢丝束在张拉前须经预拉。　　　　（　　）

251. 在后张法施工中，扁形螺旋管仅用于梁类构件。　　　　　　（　　）

252. 在后张法施工中，预留孔道的定位应牢固，浇筑混凝土时允许出现小移位和变形。　　　　　　　　　　　　　　　　　　　　　　　　（　　）

253. 在后张法施工中，孔道应平顺，端部的预埋锚垫板应平行于孔道中心线。
　　　　　　　　　　　　　　　　　　　　　　　　　　　　　（　　）

254. 在后张法施工中，平卧式重叠构件，其张拉顺序宜先下后上逐层进行。
　　　　　　　　　　　　　　　　　　　　　　　　　　　　　（　　）

255. 在后张法施工中，平卧式重叠构件，为了减少上下层之间因摩擦引起的预应力损失，张拉时，可逐层减小拉力。　　　　　　　　　　　　（　　）

256. 在后张法施工中，在任何情况下作业人员不得站在预应力筋的两端，同时在张拉千斤顶的后面应设立防护装置。　　　　　　　　　　　（　　）

257. 在后张法中，孔道灌浆可采用电动或手动灌浆泵，可以使用压缩空气。
　　　　　　　　　　　　　　　　　　　　　　　　　　　　　（　　）

258. 无粘结预应力钢丝束主要锚具是以 XM 型锚具为主。　　　（　　）

259. 无粘结预应力钢绞线以镦头为主。　　　　　　　　　　　　（　　）

260. 铺设双向配筋的无粘结筋时，应先铺设标高较高的无粘结筋，再铺设

标高低的无粘结筋。　　　　　　　　　　　　　　　　　　　　　（　　　）

261. 无粘结预应力筋的张拉与后张法带有螺丝端杆锚具的钢丝束张拉相似，一般采用一次超张拉，也可采用二次张拉。　　　　　　　　　　（　　　）

262. 无粘结预应力筋的张拉顺序，应根据钢丝束的铺设顺序，先铺设的先张拉，后铺设的后张拉。　　　　　　　　　　　　　　　　（　　　）

二、选择题（将正确答案的序号填入括号内）

（一）单选题

1. 施工图的尺寸单位一般为（　　　），标高为（　　　）。

　A. 毫米　厘米　　　　B. 毫米　分米　　　　C. 毫米　米　　　　D. 厘米　米

2. φ10@100/250，表示箍筋为 HPB235（Ⅰ级）钢筋，直径为10mm，（　　　）。

　A. 加密区间距为 100mm，非加密区间距为 250mm

　B. 加密区间距为 250mm，非加密区间距为 100mm

　C. 全柱均为 100mm

　D. 全柱均为 250mm

3. 平面注写包括集中标注与原位标注，施工时（　　　）。

　A. 集中标注取值优先　　　　　　　　B. 原位标注取值优先

　C. 取平均值　　　　　　　　　　　　D. 核定后取值

4. 梁箍筋φ10@100/200(4)，其中(4)表示（　　　）。

　A. 加密区为 4 根箍筋　　　　　　　　B. 非加密区为 4 根箍筋

　C. 箍筋的肢数为 4 肢　　　　　　　　D. 箍筋的直径为 4mm

5. 梁中箍筋φ10@100(4)/150(2)，其中(4)与(2)表示（　　　）。

　A. 加密区为 4 根箍筋，非加密区为 2 根箍筋

　B. 加密区为 2 根箍筋，非加密区为 4 根箍筋

　C. 加密区为 2 肢箍筋，非加密区为 4 肢箍筋

　D. 加密区为 4 肢箍筋，非加密区为 2 肢箍筋

6. 梁中配有 G 4 φ12，其中 G 表示（　　　）。

　A. 受拉纵向钢筋　　　　　　　　　　B. 受压纵向钢筋

　C. 受扭纵向钢筋　　　　　　　　　　D. 纵向构造钢筋

7. 梁中配有 N 6 ΦΦ22，其中 N 表示（　　　）。

　A. 受拉纵向钢筋　　　　　　　　　　B. 受压纵向钢筋

　C. 受扭纵向钢筋　　　　　　　　　　D. 纵向构造钢筋

8. 梁支座上部有 4 根纵筋注写为 2Φ25 + 2Φ22，表示（　　　）。

　A. 2Φ25 放在角部，2Φ22 放在中部

　B. 2Φ25 放在中部，2Φ22 放在角部

C. 2Φ25 放在上部，2Φ22 放在下部

D. 2Φ25 放在下部，2Φ22 放在上部

9. 梁下部纵筋为 6Φ25 2/4，表示（　　）。

A. 下一排纵筋为 2Φ25，上一排纵筋为 4Φ25，全部伸入支座

B. 上一排纵筋为 2Φ25，下一排纵筋为 4Φ25，全部伸入支座

C. 梁的下部一排纵筋为 2Φ25，梁的上部一排纵筋为 4Φ25，全部伸入支座

D. 梁的上部一排纵筋为 2Φ25，梁的下部一排纵筋为 4Φ25，全部伸入支座

10. 梁下部纵筋为 2Φ25 + 3Φ22（-3）/5Φ25，表示（　　）。

A. 下排纵筋为 2Φ25 和 3Φ22 不伸入支座，上一排纵筋为 5Φ25 全部伸入支座

B. 上排纵筋为 5Φ25 不伸入支座；下一排纵筋为 2Φ25 和 3Φ22，全部伸入支座

C. 上排纵筋为 2Φ25 和 3Φ22 伸入支座，下一排纵筋为 5Φ25 伸入支座

D. 上排纵筋为 2Φ25 和 3Φ22，其中 3Φ22 不伸入支座，下一排纵筋为 5Φ25 全部伸入支座

11. 当设计无具体要求时，对于一、二级抗震等级，检验所得的钢筋强度实测值应符合下列规定：钢筋的抗拉强度实测值与屈服强度实测值的比值不应小于（　　）。

A. 1.1　　　　　　B. 1.2　　　　　　C. 1.25　　　　　　D. 1.35

12. 当设计无具体要求时，对于一、二级抗震等级，检验所得的钢筋强度实测值应符合下列规定：钢筋的屈服强度实测值与强度标准值的比值不应大于（　　）。

A. 0.9　　　　　　B. 1.1　　　　　　C. 1.2　　　　　　D. 1.3

13. 钢筋检验时，热轧圆钢盘条每批盘条重量不大于（　　）。

A. 40t　　　　　　B. 60t　　　　　　C. 80t　　　　　　D. 100t

14. 钢筋绑扎接头末端至钢筋弯起点距离不应小于钢筋直径的（　　）。

A. 5 倍　　　　　　B. 10 倍　　　　　　C. 15 倍　　　　　　D. 20 倍

15. 钢筋撑脚每隔（　　）放置一个。

A. 0.6m　　　　　　B. 0.8m　　　　　　C. 1.0m　　　　　　D. 1.2m

16. 小型截面柱，弯钩与模板的角度不得小于（　　）。

A. 15°　　　　　　B. 30°　　　　　　C. 45°　　　　　　D. 60°

17. 墙板（双层网片）钢筋绑扎操作时，水平钢筋每段长度不宜超过（　　）。

A. 4m　　　　　　B. 6m　　　　　　C. 8m　　　　　　D. 10m

18. 地下室（箱形基础）钢筋绑扎时，如果纵向钢筋采用双排，两排钢筋之间

应垫以直径(　　)的短钢筋。

  A. 18mm   B. 20mm   C. 22mm   D. 25mm

  19. 剪力墙的连梁沿梁全长的箍筋构造要符合设计要求，但在建筑物顶层连梁伸入墙体的钢筋长度范围内，应设置间距不小于(　　)的构造箍筋。

  A. 80mm   B. 100mm   C. 120mm   D. 150mm

  20. 用导管灌注水下混凝土桩，其钢筋笼内径应比导管连接处的外径大(　　)以上。

  A. 50mm   B. 100mm   C. 150mm   D. 200mm

  21. 用导管灌注水下混凝土桩，钢筋笼的外径应比钻孔直径小(　　)左右。

  A. 50mm   B. 100mm   C. 150mm   D. 200mm

  22. 除受剪预埋件外，锚筋不宜少于(　　)根。

  A. 1   B. 2   C. 3   D. 4

  23. 除受剪预埋件外，锚筋不宜多于(　　)排。

  A. 1   B. 2   C. 3   D. 4

  24. 除受剪预埋件外，锚筋直径不宜小于(　　)。

  A. 4mm   B. 6mm   C. 8mm   D. 10mm

  25. 除受剪预埋件外，锚筋直径不宜大于(　　)。

  A. 22mm   B. 25mm   C. 28mm   D. 30mm

  26. 预应力筋张拉完毕后，对设计位置的偏差不得大于(　　)。

  A. 5mm   B. 4mm   C. 3mm   D. 2mm

  27. 预应力筋孔道的间距规定：对预制构件，孔道的水平净间距不宜小于(　　)。

  A. 30mm   B. 40mm   C. 50mm   D. 60mm

  28. 预应力筋孔道的间距规定：对预制构件，孔道至构件边缘的净间距不应小于(　　)，且不应小于孔道直径的一半。

  A. 30mm   B. 40mm   C. 50mm   D. 60mm

  29. 预应力筋孔道的间距应符合下列规定：在框架梁中，预留孔道垂直方向净间距不应小于孔道外径，水平方向净间距不宜小于(　　)倍孔道外径。

  A. 1   B. 1.5   C. 2   D. 2.5

  30. 预应力筋孔道的保护层应符合下列规定：在框架梁中，从孔壁算起的混凝土最小保护层厚度，板底为(　　)。

  A. 30mm   B. 40mm   C. 50mm   D. 60mm

  31. 预应力筋孔道的保护层应符合下列规定：在框架梁中，从孔壁算起的混凝土最小保护层厚度，梁底为(　　)。

  A. 30mm   B. 40mm   C. 50mm   D. 60mm

32. 预应力筋孔道的保护层应符合下列规定：在框架梁中，从孔壁算起的混凝土最小保护层厚度，梁侧为（　　　）。

　　A. 30mm　　　　　　B. 40mm　　　　　　C. 50mm　　　　　　D. 60mm

33. HPR235级钢筋末端应做成（　　　）弯钩，其弯弧内直径不应小于钢筋直径的（　　　）倍。

　　A. 90°　2.5　　　　B. 180°　2.5　　　　C. 180°　3　　　　D. 90°　3

34. 箍筋弯钩的弯折角度：对一般结构，不应小于（　　　）；对有抗震等要求的结构，应为（　　　）。

　　A. 90°　180°　　　　　　　　　　　　　B. 180°　135°

　　C. 135°　90°　　　　　　　　　　　　　D. 90°　135°

35. 检查受力钢筋弯钩和弯折的数量：按每工作班同一类型钢筋、同一加工设备抽查不应少于（　　　）件。

　　A. 3　　　　　　　　B. 4　　　　　　　　C. 5　　　　　　　　D. 6

36. 检验钢筋连接主控项目的方法是（　　　）。

　　A. 检查产品合格证书

　　B. 检查接头力学性能试验报告

　　C. 检查产品合格证书、钢筋的力学性能试验报告

　　D. 检查产品合格证书、接头力学性能试验报告

37. 无粘结预应力筋的涂包质量检查数量为每（　　　）为一批，每批抽取一组试件。

　　A. 60t　　　　　　　B. 50t　　　　　　　C. 40t　　　　　　　D. 30t

38. 预应力筋下料检查数量为：每工作班抽查预应力筋总数的（　　　），且不少于（　　　）束。

　　A. 10%　6　　　　　B. 10%　3　　　　　C. 3%　6　　　　　D. 3%　3

39. 预应力筋端部锚具的制作质量要求：其钢丝镦头的强度不得低于钢丝强度标准值的（　　　）。

　　A. 90%　　　　　　　B. 95%　　　　　　　C. 98%　　　　　　　D. 100%

40. 后张法有粘结预应力筋预留孔道质量检查的数量为（　　　）。

　　A. 全数检查　　　　　　　　　　　　　　B. 每工作班抽查5%

　　C. 每工作班抽查50%　　　　　　　　　　D. 每工作班抽查90%

41. 预应力筋张拉或放张时，混凝土强度应符合设计要求；当设计无具体要求时，不应低于设计的混凝土立方体抗压强度标准值的（　　　）。

　　A. 100%　　　　　　　B. 95%　　　　　　　C. 85%　　　　　　　D. 75%

42. 施加预应力后，砂箱的压缩值若不大于（　　　），则预应力损失可略去不计。

A. 0.2mm   B. 0.3mm   C. 0.5mm   D. 0.4mm

43. 后张法有粘结预应力筋张拉后应尽早进行孔道灌浆，孔道内水泥浆应饱满、密实，并进行检查，其检查数量为（   ）。

A. 每工作班抽查5%   B. 每工作班抽查50%

C. 每工作班抽查15%   D. 全数检查

44. 弯起钢筋的放置方向错误表现为（   ）。

A. 弯起钢筋方向不对，弯起的位置不对

B. 事先没有对操作人员认真交底，造成操作错误

C. 在钢筋骨架立模时，疏忽大意

D. 钢筋下料错误

45. 为了防止箍筋间距不足，应当（   ）。

A. 使箍筋下料准确

B. 事先确定箍筋的数量

C. 绑前根据配筋图预先算好箍筋的实际间距，并画线作为绑扎的依据，已绑好的钢筋骨架间距不一致时，可做局部调整，或增加1～2个箍筋

D. 不必太重视

46. 钢筋对焊不上的原因是（   ）。

A. 钢筋含碳过高   B. 加工场地气温过低

C. 钢筋内夹杂其他杂质   D. 工人技术水平低

47. 平面注写方式中，梁集中标注的内容，有（   ）项必注值及若干项选注值。

A. 三   B. 四   C. 五   D. 六

48. 钢筋检验时冷轧扭钢筋每批重量不大于（   ）。

A. 10t   B. 40t   C. 60t   D. 100t

49. 钢筋检验时热轧光圆钢筋、余热处理钢筋、热轧带肋钢筋每批重量不大于（   ）。

A. 40t   B. 60t   C. 80t   D. 100t

50. 钢筋检验时冷轧带肋钢筋每批重量不大于（   ）。

A. 40t   B. 50t   C. 60t   D. 80t

51. 钢筋检验时预应力混凝土用钢丝每批重量不大于（   ）。

A. 30t   B. 60t   C. 80t   D. 90t

52. 钢筋检验时钢绞线每批重量不大于（   ）。

A. 30t   B. 40t   C. 50t   D. 60t

53. 钢筋检验时钢绞线的检验项目是（   ）。

A. 测拉力试验   B. 测破坏负荷

C. 伸长率   D. 弯曲试验

54. 在使用钢质锥形锚具时，张拉到要求吨位后，顶压锚塞，顶压力不应低于张拉力的（　　）。

A. 50%   B. 60%   C. 70%   D. 80%

55. 采用锥形螺杆锚具时，预顶的张拉力为预应力筋张拉力的（　　），以使钢丝束牢固地锚在锚具内，张拉时不致滑动。

A. 50%~60%   B. 60%~80%

C. 100%~120%   D. 120%~130%

56. 《混凝土结构设计》（GB 50010—2010）中规定，结构物所处环境分为（　　）类别。

A. 三   B. 四   C. 五   D. 六

57. 当HRB335、HRB400和RRB400级钢筋的直径大于（　　）时，其锚固长度应乘以修正系数1.1。

A. 16mm   B. 18mm   C. 20mm   D. 25mm

58. HRB335、HRB400和RRB400级环氧树脂涂层钢筋的锚固长度，应乘以修正系数（　　）。

A. 1.05   B. 1.15   C. 1.25   D. 1.35

59. 当钢筋在混凝土施工过程中易受扰动（如滑模施工）时，其锚固长度应乘以修正系数（　　）。

A. 1.05   B. 1.1   C. 1.2   D. 1.3

60. 当HRB335、HRB400和RRB400级钢筋在锚固区的混凝土保护层厚度大于钢筋直径的3倍且配有箍筋时，其锚固长度可乘以修正系数（　　）。

A. 0.8   B. 1.0   C. 1.2   D. 1.4

61. 采用机械锚固措施时，锚固长度范围内的箍筋不应少于（　　）个。

A. 2   B. 3   C. 4   D. 5

62. 采用机械锚固措施时，锚固长度范围内的箍筋不应小于纵向钢筋直径的（　　）倍。

A. 0.15   B. 0.25   C. 0.30   D. 0.35

63. 采用机械锚固措施时，锚固长度范围内的箍筋间距不应大于纵向钢筋直径的（　　）倍。

A. 2   B. 3   C. 4   D. 5

64. 钢筋绑扎搭接接头连接区段的长度为（　　）l_1（l_1为搭接长度），凡搭接接头中点位于该连接区段长度内的搭接接头均属于同一连接区段。

A. 1.2   B. 1.3   C. 1.4   D. 1.5

65. 同一连接区段内，纵向受拉钢筋搭接接头面积百分率应符合设计要求；

当设计无具体要求时，对梁、板类及墙类构件，不宜大于（　　）。

 A. 15%   B. 20%   C. 25%   D. 30%

66. 同一连接区段内，纵向受拉钢筋搭接接头面积百分率应符合设计要求；当设计无具体要求时，对柱类构件，不宜大于（　　）。

 A. 25%   B. 40%   C. 50%   D. 60%

67. 同一连接区段内，纵向受拉钢筋搭接接头面积百分率应符合设计要求；当设计无具体要求时，若工程中确有必要增大接头面积百分率，对梁类构件不应大于（　　）。

 A. 25%   B. 35%   C. 45%   D. 50%

68. 同一连接区段内，纵向受拉钢筋搭接接头面积百分率应符合设计要求；当设计无具体要求时，纵向受拉钢筋搭接接头面积百分率，不宜大于（　　）。

 A. 25%   B. 35%   C. 45%   D. 50%

69. 曲线钢筋放大样时，一般情况下沿水平方向的分段尺寸在（　　）范围内选取，这样可满足施工要求。

 A. 150～250mm   B. 250～500mm

 C. 500～750mm   D. 750～1000mm

70. 构件中的纵向受压钢筋，当采用搭接连接时，其受压搭接长度不应小于纵向受拉钢筋搭接长度的（　　）倍。

 A. 0.5   B. 0.6   C. 0.7   D. 0.8

71. 构件中的纵向受压钢筋，当采用搭接连接时，在任何情况下其受压搭接长度不应小于（　　）。

 A. 150mm   B. 200mm   C. 250mm   D. 300mm

72. 在梁、柱类构件的纵向受力钢筋搭接长度范围内，应按设计要求配置箍筋。当设计无具体要求时，箍筋直径不应小于搭接钢筋较大直径的（　　）倍。

 A. 0.1   B. 0.15   C. 0.2   D. 0.25

73. 在梁、柱类构件的纵向受力钢筋搭接长度范围内，应按设计要求配置箍筋。当设计无具体要求时，受拉搭接区段的箍筋间距不应大于搭接钢筋较小直径的（　　）倍。

 A. 5   B. 6   C. 7   D. 8

74. 在梁、柱类构件的纵向受力钢筋搭接长度范围内，应按设计要求配置箍筋。当设计无具体要求时，受拉搭接区段的箍筋间距不应大于（　　）。

 A. 50mm   B. 100mm   C. 150mm   D. 200mm

75. 在梁、柱类构件的纵向受力钢筋搭接长度范围内，应按设计要求配置箍筋。当设计无具体要求时，受压搭接区段的箍筋间距不应大于搭接钢筋较小直径的（　　）倍。

A. 5　　　　　　　B. 6　　　　　　　C. 8　　　　　　　D. 10

76. 在梁、柱类构件的纵向受力钢筋搭接长度范围内，应按设计要求配置箍筋。当设计无具体要求时，受压搭接区段的箍筋间距不应大于(　　　)。

A. 50mm　　　　　B. 100mm　　　　　C. 150mm　　　　　D. 200mm

77. 当柱中纵向受力钢筋直径大于(　　　)时，应在搭接接头两端外100mm范围内各设置两个箍筋，其间距宜为50mm。

A. 18mm　　　　　B. 20mm　　　　　C. 25mm　　　　　D. 28mm

78. 非预应力钢筋下料长度的计算中，半圆弯钩增加长度计算值为(　　　)。

A. 3d　　　　　B. 3.5d　　　　　C. 4.9d　　　　　D. 6.25d

79. 非预应力钢筋下料长度的计算中，直弯钩增加长度计算值为(　　　)。

A. 3d　　　　　B. 3.5d　　　　　C. 4.9d　　　　　D. 6.25d

80. 非预应力钢筋下料长度的计算中，斜弯钩增加长度计算值为(　　　)。

A. 3d　　　　　B. 3.5d　　　　　C. 4.9d　　　　　D. 6.25d

81. 独立柱基础中，钢筋的绑扎顺序为(　　　)。

A. 基础钢筋网片→插筋→柱受力钢筋→柱箍筋

B. 基础钢筋网片→柱箍筋→柱受力钢筋→插筋

C. 基础钢筋网片→插筋→柱箍筋→柱受力钢筋

D. 柱受力钢筋→基础钢筋网片→插筋→柱箍筋

82. 当基础底板的板厚(　　　)时，钢筋撑脚的直径为8~10mm。

A. $h \leqslant 15cm$　　　B. $h \leqslant 20cm$　　　C. $h \leqslant 30cm$　　　D. $h \leqslant 40cm$

83. 当基础底板的板厚$h=30~50cm$时，钢筋撑脚的直径为(　　　)。

A. 8~10mm　　　　　　　　　B. 10~12mm

C. 12~14mm　　　　　　　　　D. 14~16mm

84. 当基础底板的板厚$h>50cm$时，钢筋撑脚的直径为(　　　)。

A. 10~12mm　　　　　　　　　B. 12~14mm

C. 14~16mm　　　　　　　　　D. 16~18mm

85. 绑扎现浇框架柱钢筋时，竖筋和伸出筋的绑扎搭接绑扣不得少于(　　　)扣，绑扣朝里，便于箍筋向上移动。

A. 一　　　　　　B. 二　　　　　　C. 三　　　　　　D. 四

86. 绑扎现浇框架柱钢筋时，若竖筋是圆钢，竖筋和伸出筋绑扎搭接时弯钩朝柱心，四角钢筋弯钩应与模板成(　　　)角。

A. 30°　　　　　B. 45°　　　　　C. 60°　　　　　D. 90°

87. 绑扎现浇框架柱钢筋时，中部竖筋的弯钩应与模板成(　　　)角，不应向一侧歪斜。

A. 30°　　　　　B. 45°　　　　　C. 60°　　　　　D. 90°

88. 有抗震要求的柱子，箍筋弯钩应弯成（　　），平直部分长度不小于10d。

　　A. 45°　　　　　　B. 60°　　　　　　C. 90°　　　　　　D. 135°

89. 箍筋采用90°角搭接时，搭接处应焊接，单面焊焊接长度不小于（　　）。

　　A. 5d　　　　　　B. 10d　　　　　　C. 15d　　　　　　D. 20d

90. 在绑扎接头任一搭接长度区段内的受力钢筋截面面积占受力钢筋总截面面积百分率应符合受拉区不得超过（　　）的规定。

　　A. 25%　　　　　　B. 35%　　　　　　C. 45%　　　　　　D. 50%

91. 在绑扎接头任一搭接长度区段内的受力钢筋截面面积占受力钢筋总截面面积百分率应符合受压区不得超过（　　）的规定。

　　A. 25%　　　　　　B. 35%　　　　　　C. 45%　　　　　　D. 50%

92. 受压钢筋绑扎接头的搭接长度应按受拉钢筋最小绑扎搭接长度规定数值的（　　）倍采用。

　　A. 0.6　　　　　　B. 0.7　　　　　　C. 0.8　　　　　　D. 0.9

93. 牛腿柱钢筋骨架的绑扎顺序为（　　）。

　　A. 绑扎下柱钢筋→绑扎上柱钢筋→绑扎牛腿钢筋
　　B. 绑扎上柱钢筋→绑扎下柱钢筋→绑扎牛腿钢筋
　　C. 绑扎下柱钢筋→绑扎牛腿钢筋→绑扎上柱钢筋
　　D. 绑扎上柱钢筋→绑扎牛腿钢筋→绑扎下柱钢筋

94. 肋形楼盖中钢筋的绑扎顺序为（　　）。

　　A. 主梁筋→次梁筋→板钢筋
　　B. 主梁筋→板钢筋→次梁筋
　　C. 板钢筋→次梁筋→主梁筋
　　D. 板钢筋→主梁筋→次梁筋

95. 墙板（双层网片）钢筋绑扎中，必须设置直径为6～12mm的钢筋撑铁，间距（　　），相互错开排列。

　　A. 40～60mm　　　　　　　　　　B. 60～80mm
　　C. 80～100mm　　　　　　　　　　D. 100～120mm

96. 墙板（双层网片）钢筋的绑扎顺序为（　　）。

　　A. 立外模并画线→绑扎外侧网片→绑扎内侧网片→绑扎拉筋→安放保护层垫块→设置撑铁→检查→立内模
　　B. 立外模并画线→绑扎内侧网片→绑扎外侧网片→绑扎拉筋→安放保护层垫块→设置撑铁→检查→立内模
　　C. 立外模并画线→绑扎外侧网片→绑扎拉筋→绑扎内侧网片→安放保护层垫块→设置撑铁→检查→立内模

D. 立外模并画线→绑扎内侧网片→绑扎拉筋→绑扎外侧网片→安放保护层垫块→设置撑铁→检查→立内模

97. 圆形水池钢筋绑扎的顺序为( )。

A. 安装水池内模→绑扎内壁钢筋网→安装拉筋→绑扎外壁钢筋网→上口安装撑铁→检查→安外模板

B. 安装水池内模→绑扎内壁钢筋网→绑扎外壁钢筋网→上口安装撑铁→安装拉筋→检查→安外模板

C. 安装水池内模→绑扎外壁钢筋网→上口安装撑铁→绑扎内壁钢筋网→安装拉筋→检查→安外模板

D. 安装水池内模→绑扎内壁钢筋网→上口安装撑铁→绑扎外壁钢筋网→安装拉筋→检查→安外模板

98. 地下室(箱形基础)钢筋的绑扎顺序为( )。

A. 运钢筋→绑墙钢筋→绑底板钢筋→绑梁钢筋

B. 运钢筋→绑梁钢筋→绑底板钢筋→绑墙钢筋

C. 运钢筋→绑底板钢筋→绑梁钢筋→绑墙钢筋

D. 运钢筋→绑梁钢筋→绑墙钢筋→绑底板钢筋

99. 墙筋的绑扎顺序为( )。

A. 立外模并画线→绑扎内侧网片→绑扎外侧网片→绑扎拉筋→安放保护层垫块→设置撑铁→检查→立内模

B. 立外模并画线→绑扎外侧网片→绑扎拉筋→绑扎内侧网片→安放保护层垫块→设置撑铁→检查→立内模

C. 立外模并画线→绑扎外侧网片→绑扎内侧网片→绑扎拉筋→安放保护层垫块→设置撑铁→检查→立内模

D. 立外模并画线→绑扎拉筋→绑扎内侧网片→绑扎外侧网片→安放保护层垫块→设置撑铁→检查→立内模

100. 绑扎墙筋时，双排钢筋之间应绑支撑、拉筋，间距为( )左右，以保证双排钢筋之间距离不变。

A. 500mm   B. 1000mm   C. 1200mm   D. 1500mm

101. 滑动模板(滑模)钢筋绑扎时，水平钢筋长度一般以一个轴线间距为一个水平配筋单元，环形钢筋间距以( )为宜。

A. 3～4m   B. 4～5m   C. 5～6m   D. 6～7m

102. 滑动模板(滑模)钢筋绑扎，应保持混凝土表面比模板上口低( )。

A. 50～100mm   B. 100～150mm

C. 150～200mm   D. 200～250mm

103. 预制点焊网片绑扎搭接时，在钢筋搭接部分的中心和两端共绑( )

个扣。

    A. 一   B. 二   C. 三   D. 四

    104. 剪力墙结构大模板钢筋绑扎与预制外墙板连接，外墙板安装就位后，将本层剪力墙边柱竖筋插入预制外墙板侧面钢筋套环内，竖筋插入外墙板套环内不得少于(　　)个，并绑扎牢固。

    A. 一   B. 二   C. 三   D. 四

    105. 绑扎钢筋混凝土烟囱筒身钢筋时，竖筋与基础或下节筒壁伸出的钢筋相接，其绑扎接头在同一水平截面上的数量一般为筒壁全圆周钢筋总数的(　　)左右。

    A. 15%   B. 25%   C. 35%   D. 50%

    106. 绑扎钢筋混凝土烟囱筒身钢筋时，每根竖筋的长度常按筒壁施工节数高度的倍数进行计算，一般为(　　)加钢筋接头搭接长度。

    A. 3m   B. 4m   C. 5m   D. 6m

    107. 绑扎钢筋混凝土烟囱筒身钢筋时，在同一竖直截面上环筋绑扎接头数不应超过其总数的(　　)。

    A. 15%   B. 25%   C. 35%   D. 50%

    108. 钢筋混凝土烟囱采用滑模施工时，竖筋一般按(　　)再加搭接长度进行下料加工。

    A. 3～4m   B. 4～5m   C. 5～6m   D. 6～7m

    109. 钢筋混凝土烟囱采用滑模施工时，环筋以(　　)长为宜。

    A. 3～4m   B. 4～5m   C. 5～6m   D. 6～7m

    110. 冷却塔环向钢筋一般长度取(　　)。

    A. 4～6m   B. 6～8m   C. 8～12m   D. 12～16m

    111. 为保证钢筋环向和竖向间距准确，排列均匀，钢筋绑扎时，应先沿环向每隔(　　)标出各层环筋位置。

    A. 4～6m   B. 6～8m   C. 8～12m   D. 12～16m

    112. 为防止在大风情况下竖向钢筋的晃动影响钢筋位置的准确和新浇混凝土与钢筋间的握裹力，应从支撑好的模板面向上1.5～2m处绑扎1～2道环向筋，且与内操作平台用支撑相连，支撑间距为每(　　)左右一根。

    A. 3m   B. 4m   C. 5m   D. 6m

    113. 张拉预应力筋的理论伸长值与实际伸长值的允许偏差为(　　)。

    A. ±4%   B. ±5%   C. ±6%   D. ±7%

    114. 钢筋混凝土桩中，分段制作的钢筋笼，其长度以小于(　　)为宜。

    A. 8m   B. 10m   C. 12m   D. 15m

    115. 木卡板成形法中，制作钢筋笼时，每隔(　　)左右放一块卡板。

A. 3m   B. 4m   C. 5m   D. 6m

116. 钢筋笼的保护层厚度以设计为准，设计没作规定时，可定为（   ）。

A. 30～50mm   B. 50～70mm

C. 70～90mm   D. 90～110mm

117. 先张法施工中，墩式台座要求台面平整、光滑，沿长度方向每隔（   ）左右设置一条伸缩缝。

A. 8m   B. 10m   C. 12m   D. 15m

118. 先张法施工中，墩式台座台面宽度一般为（   ）。

A. 2～3m   B. 3～4m   C. 4～5m   D. 5～6m

119. 先张法施工中，槽式台座装配式钢筋混凝土传力柱，每根长度为（   ）。

A. 2～3m   B. 3～4m   C. 4～5m   D. 5～6m

120. 先张法施工中，冷轧带肋钢筋的绑扎长度不应小于（   ）。

A. 15d B. 25d C. 35d D. 45d

121. 先张法施工中，刻痕钢丝的绑扎长度不应小于（   ）。

A. 60d B. 70d C. 80d D. 90d

122. 先张法施工中，钢丝搭接长度应比绑扎长度大（   ）。

A. 10d B. 15d C. 20d D. 25d

123. 先张法施工中，钢丝的预应力值偏差不得大于或小于设计规定相应阶段预应力值的（   ）。

A. 4%   B. 5%   C. 6%   D. 7%

124. 先张法施工中，预应力钢丝内力的检测，一般在张拉锚固后（   ）进行。此时，锚固损失已完成，钢筋松弛损失也部分产生。

A. 1h   B. 2h   C. 3h   D. 4h

125. 先张法施工中，预应力筋张拉完毕后，对设计位置的偏差不得大于构件截面最短边长的（   ）。

A. 2%   B. 5%   C. 3%   D. 4%

126. 先张法施工中，冷拔钢丝的回缩值不应大于（   ）。

A. 0.6mm   B. 0.4mm   C. 0.5mm   D. 0.3mm

127. 先张法施工中，消除应力钢丝的回缩值不应大于（   ）。

A. 0.8mm   B. 1.0mm   C. 1.2mm   D. 1.5mm

128. 后张法施工中，预应力筋冷拉后弹性回缩率也须经试验确定，一般为（   ）。

A. 0.2%   B. 0.4%   C. 0.1%   D. 0.3%

129. 预留孔道的内径应比预应力筋与连接器外径大（   ）。

A. 5～10mm   B. 10～15mm

C. 15 ~ 20mm　　　　　　　　　　　　D. 20 ~ 25mm

130. 后张法施工中，预留孔道面积宜为预应力筋净面积的（　　）。

A. 1 ~ 2 倍　　　B. 2 ~ 3 倍　　　C. 3 ~ 4 倍　　　D. 4 ~ 5 倍

131. 金属螺旋管的长度，由于运输关系，每根取（　　）。

A. 2 ~ 4m　　　B. 4 ~ 6m　　　C. 6 ~ 8m　　　D. 8 ~ 10m

132. 金属螺旋管的连接采用大一号同型螺旋管，接头管的长度为（　　），其两端用密封胶带或塑料热缩管封裹。

A. 100 ~ 200mm　　　　　　　　　B. 200 ~ 300mm

C. 300 ~ 400mm　　　　　　　　　D. 400 ~ 500mm

133. 金属螺旋管的固定应采用钢筋支托，其间距为（　　）。

A. 0.6 ~ 0.8m　　　　　　　　　　B. 0.8 ~ 1.2m

C. 1.2 ~ 1.5m　　　　　　　　　　D. 1.5 ~ 1.8m

134. SBG 型塑料波纹管的钢筋支托间距应不大于（　　）。

A. 0.6m　　　B. 1.0m　　　C. 0.8m　　　D. 1.2m

135. SBG 型塑料波纹管的最小弯曲半径为（　　）。

A. 0.6m　　　B. 1.2m　　　C. 1.0m　　　D. 0.9m

136. 钢管抽芯法中，为防止在浇筑混凝土时钢管产生位移，每隔（　　）用钢筋井字架固定牢靠。

A. 1.2m　　　B. 0.6m　　　C. 0.8m　　　D. 1.0m

137. 钢管抽芯法中，钢管接头处可用长度为（　　）的铁皮套管连接。

A. 100 ~ 200mm　　　　　　　　　B. 200 ~ 300mm

C. 300 ~ 400mm　　　　　　　　　D. 400 ~ 500mm

138. 胶管抽芯法中，采用（　　）层帆布胶管。

A. 1 ~ 3　　　B. 3 ~ 5　　　C. 5 ~ 7　　　D. 7 ~ 9

139. 胶管抽芯法中，为防止在浇筑混凝土时胶管产生位移，直线段每隔（　　）用钢筋井字架固定牢靠，曲线段应适当加密。

A. 600mm　　　B. 500mm　　　C. 400mm　　　D. 300mm

140. 灌浆孔可设置在锚垫板上或利用灌浆管引至构件外，其间距对抽芯成形孔道不宜大于（　　）。

A. 10m　　　B. 12m　　　C. 13m　　　D. 15m

141. 灌浆孔的孔径应能保证浆液畅通，一般不宜小于（　　）。

A. 10mm　　　B. 15mm　　　C. 20mm　　　D. 25mm

142. 曲线预应力筋孔道的每个波峰处，应设置泌水管。泌水管伸出梁面的高度不宜小于（　　），泌水管也可兼作灌浆孔用。

A. 0.3m　　　B. 0.5m　　　C. 0.6m　　　D. 0.4m

143. 对长度不大于(　　)的曲线束，人工穿束方便。

A. 30m　　　　　　B. 40m　　　　　　C. 50m　　　　　　D. 60m

144. 对束长大于(　　)的预应力筋，应采用卷扬机穿束。

A. 70m　　　　　　B. 80m　　　　　　C. 50m　　　　　　D. 60m

145. 用卷扬机穿束宜采用慢速，每分钟约(　　)，电动机功率为1.5~2.0kW。

A. 5m　　　　　　　B. 8m　　　　　　　C. 10m　　　　　　D. 15m

146. 后张法构件如分段制作，则在张拉前应进行拼装。块体的拼装纵轴线应对准，其直线偏差不得大于(　　)。

A. 3mm　　　　　　B. 1mm　　　　　　C. 2mm　　　　　　D. 5mm

147. 后张法构件如分段制作，则在张拉前应进行拼装。块体拼装的立缝宽度偏差不得超过(　　)。

A. +5mm 或 −5mm　　　　　　　　B. +10mm 或 −5mm

C. +15mm 或 −10mm　　　　　　　D. +10mm 或 −15mm

148. 后张法构件如分段制作，则在张拉前应进行拼装。块体拼装的立缝最小宽度不得小于(　　)。

A. 20mm　　　　　　B. 15mm　　　　　C. 5mm　　　　　　D. 10mm

149. 后张法施工中，立缝处混凝土或砂浆强度如设计无要求时，不应低于块体混凝土设计强度的(　　)。

A. 40%　　　　　　B. 50%　　　　　　C. 60%　　　　　　D. 75%

150. 后张法施工中，立缝处混凝土或砂浆强度如设计无要求时，不得低于(　　)。

A. 5MPa　　　　　　B. 10MPa　　　　　C. 15MPa　　　　　D. 20MPa

151. 后张法构件为了搬运等需要，可提前施加一部分预应力，使梁体建立较低的预压应力以承受自重荷载，但混凝土的立方体强度不应低于设计强度的(　　)。

A. 40%　　　　　　B. 50%　　　　　　C. 60%　　　　　　D. 75%

152. 后张法预应力混凝土屋架等构件一般在施工现场平卧重叠制作，重叠层数为(　　)。

A. 1~2层　　　　　B. 2~3层　　　　　C. 3~4层　　　　　D. 4~5层

153. 后张法预应力筋张拉伸长实测值与计算值的偏差应不大于(　　)。

A. ±3%　　　　　　B. ±6%　　　　　　C. ±5%　　　　　　D. ±4%

154. 后张法预应力筋张拉时，发生断裂或滑脱的数量严禁超过同一截面预应力筋总根数的(　　)。

A. 3%　　　　　　　B. 4%　　　　　　　C. 5%　　　　　　　D. 6%

155. 后张法预应力筋张拉时，发生断裂或滑脱的数量，每束钢丝不得超过（   ）根。

　　A. 一　　　　　　B. 二　　　　　　C. 三　　　　　　D. 四

156. 孔道灌浆一般采用水泥浆，水泥应采用普通硅酸盐水泥，配制的水泥浆或砂浆强度均不应低于（   ）。

　　A. 10MPa　　　　B. 20MPa　　　　C. 30MPa　　　　D. 40MPa

157. 孔道灌浆一般采用水泥浆，水泥应采用普通硅酸盐水泥，配制的水泥浆或砂浆水灰比一般宜采用（   ），可掺入适量膨胀剂。

　　A. 0.25 ~ 0.3　　　　　　　　　　B. 0.3 ~ 0.35
　　C. 0.35 ~ 0.4　　　　　　　　　　D. 0.4 ~ 0.45

158. 在后张法中，孔道灌浆用橡胶管宜用带（   ）层帆布夹层的厚胶管。

　　A. 1 ~ 3　　　　B. 3 ~ 5　　　　C. 5 ~ 7　　　　D. 7 ~ 9

159. 在后张法中，灌浆试块采用边长为 70.7mm 的立方体试模制作，经标准养护 28d 后的抗压强度不应低于（   ）。

　　A. 10MPa　　　　B. 20MPa　　　　C. 30MPa　　　　D. 40MPa

160. 在后张法中，移动构件或拆除底模时，水泥浆试块强度不应低于（   ）。

　　A. 10MPa　　　　B. 15MPa　　　　C. 30MPa　　　　D. 25MPa

161. 成束无粘结筋当使用防腐沥青做涂料层时，应用密缠塑带做外包层，塑料带各圈之间的搭接宽度应不小于带宽的（   ）。

　　A. 1/4　　　　B. 1/2　　　　C. 1/3　　　　D. 1/5

162. 成束无粘结筋使用防腐沥青做涂料层时，应用密缠塑料带做外包层，塑料带层数不应小于（   ）层。

　　A. 一　　　　　　B. 二　　　　　　C. 三　　　　　　D. 四

163. 铺设无粘结筋时，铁马凳高度应根据设计要求的无粘结筋曲率确定，铁马凳间隔不宜大于（   ），并应用铁丝与无粘结筋扎牢。

　　A. 1m　　　　B. 2m　　　　C. 3m　　　　D. 4m

164. 后张法施工中，预埋金属螺旋管灌浆口的间距不宜大于（   ）。

　　A. 10m　　　　B. 20m　　　　C. 30m　　　　D. 40m

165. 后张法施工中，抽芯成形孔道灌浆口的间距不宜大于（   ）。

　　A. 12m　　　　B. 15m　　　　C. 18m　　　　D. 20m

166. 预应力钢丝束张拉过程中，当有个别钢丝发生滑落或断裂时，可相应降低张拉力，但滑落或断裂的数量，不应超过结构同一截面无粘结预应力筋总量的（   ）。

　　A. 1%　　　　B. 2%　　　　C. 3%　　　　D. 4%

167. 用千斤顶张拉无粘结钢丝束，当油压表达到（　　　）时，停止进油，调整油缸位置后，继续进油张拉，直到达到所需的张拉力值。

　　A. 2.5MPa　　　　　B. 5MPa　　　　　C. 7.5MPa　　　　　D. 10MPa

168. 用千斤顶张拉无粘结钢绞线，油压表达到（　　　）时，停止进油，检查千斤顶位置无误后，继续进油张拉，直到达到设计要求的张拉力。

　　A. 2.5MPa　　　　　B. 5MPa　　　　　C. 7.5MPa　　　　　D. 10MPa

169. 检验批合格质量检验，当采用计数检验时，一般项目的合格点率应大于（　　　），且不得有严重缺陷。

　　A. 85%　　　　　B. 90%　　　　　C. 75%　　　　　D. 80%

（二）多选题

1. 钢筋工在下料之前应首先看懂图样，看懂每一种类型钢筋的（　　　）。

　　A. 形状　　　　　B. 级别　　　　　C. 直径　　　　　D. 长度

2. 平法制图的表示方法，是把结构构件的（　　　）等，按照平面整体表示方法制图规则，整体直接地表达在各类构件的结构平面布置图上，再与标准结构详图相配合，即构成一套新型完整的结构设计的方法。

　　A. 尺寸　　　　　　　　　　B. 钢筋的形状

　　C. 配筋　　　　　　　　　　D. 钢筋的性能

3. 钢筋检验时，冷拉用热轧圆钢盘条拉伸试验检验项目有（　　　）。

　　A. 抗拉强度　　B. 伸长率　　C. 屈服点　　D. 屈强比

4. 钢筋检验时，建筑用热轧圆钢盘条拉力试验检验项目有（　　　）。

　　A. 抗拉强度　　B. 伸长率　　C. 屈服点　　D. 屈强比

5. 钢绞线测拉力试验的检验项目是（　　　）。

　　A. 抗拉强度　　　B. 破坏负荷　　　C. 屈服点　　　D. 伸长率

6. 预应力混凝土用钢棒检验项目有（　　　）。

　　A. 屈服点　　　　B. 抗拉强度　　　C. 伸长率　　　D. 平直度

7. 锚具和夹具的种类很多，按使用部位可分为（　　　）。

　　A. 张拉端锚具　　　　　　　B. 锚固端锚具

　　C. 挤压锚具　　　　　　　　D. 工具锚具

8. 锚具和夹具的种类很多，按作用机理可分为（　　　）。

　　A. 螺杆式　　　　B. 摩阻型　　　C. 握裹型　　　D. 承压型

9. 摩阻型锚具、夹具按其构造形式，可分为（　　　）等几种。

　　A. 楔片式　　　　B. 锥销式　　　C. 夹片式　　　D. 波浪式

10. 钢筋基本锚固长度，取决于（　　　）。

　　A. 钢筋强度　　　　　　　　B. 混凝土抗拉强度

　　C. 钢筋外形有关　　　　　　D. 混凝土保护层厚度

11. 钢筋在混凝土中的粘接锚固作用有(　　)。

A. 胶结力
B. 摩阻力

C. 咬合力
D. 机械锚固力

12. 钢筋连接方式，可分为(　　)。

A. 绑扎搭接
B. 焊接

C. 螺栓连接
D. 机械连接

13. 现浇框架柱竖筋和伸出筋的接头方法可采用(　　)。

A. 绑扎搭接
B. 绑条焊接

C. 电渣焊接
D. 气压焊接和挤压连接

14. 滑动模板(简称滑模)装置由(　　)组成。

A. 模板系统
B. 支撑系统

C. 操作系统
D. 滑升系统

15. 钢筋混凝土桩钢筋笼由(　　)组成。

A. 主筋
B. 箍筋

C. 螺旋筋
D. 弯起钢筋

16. 钢筋混凝土桩钢筋笼成形的方法有(　　)。

A. 木卡板成形法
B. 板架成形法

C. 钢管支架成形法
D. 绑扎成形法

17. 预应力混凝土的施工按张拉工艺可分为(　　)。

A. 机械张拉法
B. 电热张拉法

C. 化学张拉法
D. 超张拉法

18. 先张法采用长线台座生产预应力混凝土构件时，台座必须具有足够的
(　　)。

A. 塑性
B. 强度
C. 稳定性
D. 刚度

19. 先张法的台座一般由(　　)组成。

A. 台面
B. 横梁

C. 牛腿
D. 承力结构

20. 钢筋安装时，受力钢筋的(　　)必须符合设计要求。

A. 品种
B. 力学性能
C. 规格
D. 数量

21. 预应力原材料进场时质量检验的方法为(　　)。

A. 检查产品合格证
B. 检查出厂检验报告

C. 检查进场复验报告
D. 抽样检查

22. 预应力筋使用前应进行外观检查，其质量应符合下列(　　)的要求。

A. 有粘结预应力筋展开后应平顺，不得有弯折，表面不得有裂纹、小刺、机械损伤、氧化铁皮和油污等

B. 预应力筋的品种、级别、规格和数量必须符合设计要求

C. 无粘结预应力筋护套应光滑、无裂缝，无明显褶皱

D. 预应力筋的力学性能必须符合设计要求

23. 锚具的封闭保护应符合设计要求；当设计无具体要求时，（　　　）。

A. 锚具表面不得有裂纹、小刺、机械损伤、氧化铁皮和油污等

B. 应采取防止锚具腐蚀和遭受机械损伤的有效措施

C. 凸出式锚固端锚具保护层厚度不应小于50mm

D. 外露预应力筋的保护层厚度：处于正常环境时，不应小于20mm；处于易受腐蚀的环境时，不应小于50mm

24. 钢筋原材料品种、等级混杂不清的原因是（　　　）。

A. 原材料管理不善

B. 制度不严

C. 运输不当

D. 入库之前专业材料人员没有严格把关

25. 成形钢筋变形的原因是（　　　）。

A. 管理不善，制度不严

B. 地面不平，堆放时过高压弯

C. 搬运方法不当或搬运过于频繁

D. 成形后摔放

26. 同一截面钢筋接头过多的原因是（　　　）。

A. 钢筋比较短

B. 筋配料技术人员配料时，疏忽大意，没有认真考虑原材料长度

C. 不熟悉有关绑扎、焊接接头的规定

D. 没有分清钢筋位于受拉区或受压区

27. 电弧焊接头尺寸不准的原因是（　　　）。

A. 施焊前准备工作没有做好，操作比较马虎

B. 预制构件钢筋位置偏移过大

C. 施焊前未进行检查

D. 焊接人员没有上岗证

28. 钢筋保护层垫块设置不合格表现为（　　　）。

A. 垫块厚度不足　　　　　　　　B. 垫块厚度过厚

C. 垫块未放置好　　　　　　　　D. 垫块强度不足，脆裂

29. 钢筋弯曲成形后弯曲处断裂的原因是（　　　）。

A. 弯曲轴未按规定更换　　　　　B. 加工场地气温过低

C. 加工场地气温过高　　　　　　D. 材料含磷量高

30. 箍筋不规方的原因是(　　)。

A. 箍筋下料不准　　　　　　　　B. 技术人员未进行技术交底

C. 弯曲定尺移位　　　　　　　　D. 成形轴变形

31. 绑扎安装骨架外形不准的原因是(　　)。

A. 各号钢筋加工尺寸不准或扭曲

B. 安装时各号钢筋未对齐

C. 某号钢筋位置不对

D. 钢筋工手艺太差

32. 防止预埋筋移位的措施有(　　)。

A. 绑扎时增加定位筋，或对较高柱子采用与承台筋或其他筋焊接牢固的方法；浇筑混凝土时由专人负责检查复位

B. 对浇筑时无法恢复的钢筋位置，在混凝土初凝后及时放线，凿除部分混凝土复位；对较大尺寸的位移，则需与设计共同商讨采用其他方法解决

C. 下料准确，严格把关

D. 与模板绑牢

33. 梁、肋箍筋被压弯的原因是(　　)。

A. 梁、肋过高

B. 工人操作不当

C. 箍筋设计直径较小

D. 无设计或没及时绑扎构造筋及拉筋

34. 施工班组技术管理的主要任务有(　　)。

A. 严格执行技术管理制度

B. 进行技术交底

C. 认真执行施工组织设计、落实好各项技术措施

D. 参加图样会审

35. 柱平法列表注写方式中，柱编号由(　　)组成。

A. 类型代号　　　　　　　　　　B. 序列号

C. 尺寸代号　　　　　　　　　　D. 轴线代号

36. 板式楼梯平法施工图中，注写内容包括(　　)。

A. 原位标注　　　　　　　　　　B. 集中标注

C. 外围标注　　　　　　　　　　D. 截面标注

37. 板式楼梯平法施工图中，集中标注表达(　　)。

A. 梯板的类型代号　　　　　　　B. 梯板的序号

C. 梯板的竖向几何尺寸　　　　　D. 楼梯间的平面尺寸

38. 钢筋原材料验收的一般项目有(　　)。

A. 验收标准　　　　　　　　　　B. 检查数量
C. 检验方法　　　　　　　　　　D. 截面标准

39. 钢筋原材料验收的主控项目一般有（　　　）。

A. 力学性能检验

B. 抗震结构

C. 截面标准

D. 化学成分检验或其他专项检验

40. 对热轧圆钢盘条组批检验时，每批应由同一（　　　）的钢筋组成。

A. 牌号　　　　　　　　　　　　B. 炉罐号
C. 规格　　　　　　　　　　　　D. 交货状态

41. 热轧圆钢盘条弯曲试验检验项目有（　　　）。

A. 弯心直径　　　　　　　　　　B. 弯曲强度
C. 弯曲挠度　　　　　　　　　　D. 弯曲角度

42. 热轧圆钢盘条化学成分试验检验项目除了检验碳（C）的含量外，还有（　　　）的含量。

A. 硫（S）　　　B. 锰（Mn）　　　C. 硅（Si）　　　D. 磷（P）

43. 热轧光圆钢筋、余热处理钢筋、热轧带肋钢筋拉伸试验检验项目有（　　　）。

A. 抗拉强度　　　B. 伸长率　　　C. 屈服点　　　D. 屈强比

44. 热轧光圆钢筋、余热处理钢筋、热轧带肋钢筋弯曲试验检验项目有（　　　）。

A. 弯心直径　　　　　　　　　　B. 弯曲强度
C. 弯曲角度　　　　　　　　　　D. 弯曲挠度

45. 热轧光圆钢筋、余热处理钢筋、热轧带肋钢筋化学成分试验检验项目除了检验碳（C）的含量外，还有（　　　）的含量。

A. 硫（S）　　　B. 锰（Mn）　　　C. 硅（Si）　　　D. 磷（P）

46. 冷轧扭钢筋拉伸试验检验项目有（　　　）。

A. 抗拉强度　　　B. 屈强比　　　C. 屈服点　　　D. 伸长率

47. 冷轧扭钢筋弯曲试验检验项目有（　　　）。

A. 弯心直径　　　　　　　　　　B. 弯曲强度
C. 弯曲角度　　　　　　　　　　D. 弯曲挠度

48. 冷轧带肋钢筋拉伸试验检验项目有（　　　）。

A. 抗拉强度　　　B. 伸长率　　　C. 屈服点　　　D. 屈强比

49. 冷轧带肋钢筋弯曲试验检验项目有（　　　）。

A. 弯心直径　　　　　　　　　　B. 弯曲强度

C. 弯曲角度   D. 弯曲挠度

50. 冷轧带肋钢筋化学成分试验检验项目除了检验碳（C）的含量外、还有（　　　）的含量。

A. 硫（S）   B. 锰（Mn）   C. 硅（Si）   D. 磷（P）

51. 冷轧扭钢筋检验项目有（　　　）。

A. 拉伸试验   B. 弯曲试验

C. 剪切试验   D. 化学成分

52. 热轧光圆钢筋、余热处理钢筋、热轧带肋钢筋检验项目有（　　　）。

A. 拉伸试验   B. 弯曲试验

C. 剪切试验   D. 化学成分

53. 冷轧带肋钢筋检验项目有（　　　）。

A. 拉伸试验   B. 弯曲试验

C. 剪切试验   D. 化学成分

54. 预应力混凝土用钢丝检验项目有（　　　）。

A. 拉伸试验   B. 弯曲试验

C. 反复弯曲试验   D. 化学成分

55. 预应力混凝土工程，按施加预应力的时间，分为（　　　）。

A. 机械张拉   B. 电张拉   C. 先张法   D. 后张法

56. 预应力混凝土工程，在后张法中，预应力又可分为（　　　）。

A. 机械张拉   B. 有粘结   C. 无粘结   D. 电张拉

57. 握裹型锚具、夹具主要依靠握裹力锚夹预应力筋，包括（　　　）。

A. 张拉端锚具   B. 锚固端锚具

C. 挤压式锚具   D. 压花类锚具

58. 承压型锚具、夹具主要依靠承压力和抗剪力锚夹预应力筋，包括（　　　）。

A. 螺杆式锚具   B. 镦头式帮条锚具

C. 挤压式锚具   D. 压花类锚具

59. 锥销式锚具、夹具由（　　　）组成。

A. 锚圈（环）   B. 锚板   C. 夹具   D. 锚塞

60. 锥形螺杆锚具由（　　　）组成。

A. 锥形螺杆   B 套筒   C. 垫板   D. 螺母

61. JM 型锚具由（　　　）组成。

A. 锚环   B. 锚板   C. 夹片   D. 锚塞

62. XM 型锚具由（　　　）组成。

A. 锚环   B. 锚板   C. 夹片   D. 锚塞

63. 螺纹端杆锚具由（　　　）组成。

A. 锚环　　　　　　B. 螺纹端杆　　　　C. 螺母　　　　　　D. 垫板

64. 握裹型锚具、夹具按照握裹力形成的方式，分为（　　）等几种。

A. 帮条式　　　　　B. 挤压式　　　　　C. 波浪式　　　　　D. 浇铸式

65. 在先张法施工中，常用的张拉机械有（　　）。

A. 油泵　　　　　　　　　　　　　　B. 台座式液压千斤顶

C. 电动螺杆张拉机　　　　　　　　　D. 电动卷扬张拉机

66. 在后张法施工中，常用的张拉机械有（　　）。

A. 拉杆式千斤顶

B. 穿心式千斤顶

C. 锥锚式千斤顶

D. 液压传动用的高压油泵和多接油管

67. LYZ—1A 型电动卷扬张拉机由（　　）组成。

A. 电动力卷扬机　　　　　　　　　　B. 弹簧测力计

C. 电器自动控制装置　　　　　　　　D. 专用夹具

68. LYZ—1A 型电动卷扬张拉机的电动力卷扬机由（　　）组成。

A. 电动机　　　　　　　　　　　　　B. 变速箱

C. 卷筒　　　　　　　　　　　　　　D. 专用夹具

69. 锥锚式千斤顶是一种具有（　　）功能的千斤顶。

A. 张拉　　　　　　B. 夹持　　　　　　C. 顶锚　　　　　D. 退楔

70. 锥锚式千斤顶工作过程分为（　　）三个阶段。

A. 张拉　　　　　　B. 顶压　　　　　　C. 回程　　　　　D. 退楔

71. 镦头设备分为（　　）两类。

A. 张拉机械　　　　　　　　　　　　B. 冷镦机械

C. 回程机械　　　　　　　　　　　　D. 热镦设备

72. 冷镦机械有（　　）。

A. 冷拔低碳钢丝镦头机　　　　　　　B. 钢筋对焊机

C. 钢筋镦头机　　　　　　　　　　　D. 碳素钢丝镦头机

73. 要熟知（　　）等直接影响钢筋加工、绑扎安装的工艺，根据工艺要求不同来编制相应的钢筋配料单。

A. 钢筋加工条件　　　　　　　　　　B. 焊接设备

C. 粗钢筋弯曲设备　　　　　　　　　D. 预应力张拉设备

74. （　　）等直接影响配件钢筋的长度，也应在钢筋配料单中反映出来。

A. 场地大小　　　　　　　　　　　　B. 安装施工条件

C. 水平运输条件　　　　　　　　　　D. 垂直运输条件

75. 钢筋的弯钩通常有（　　）等几种形式。

A. 圆弯钩　　　　　B. 半圆弯钩　　　　　C. 直弯钩　　　　　D. 斜弯钩

76. 构件中的非预应力钢筋，因弯曲会使长度发生变化，所以配料时不能根据配筋图尺寸直接下料，必须根据各种构件的(　　)等规定，结合所掌握的一些计算方法，再根据图中尺寸计算出下料长度。

A. 混凝土保护层　　　B. 钢筋弯曲　　　C. 搭接　　　　　D. 弯钩

77. 先张法长线台座上的预应力筋，可采用钢丝和钢绞线，根据张拉装置不同，可采用(　　)。

A. 单根张拉方式　　　　　　　　　　B. 成束张拉方式

C. 整体张拉方式　　　　　　　　　　D. 机械张拉方式

78. 钢筋代换一般采用(　　)。

A. 等品种代换　　　　　　　　　　　B. 等强度代换

C. 等面积代换　　　　　　　　　　　D. 等规格代换

79. 滑动模板(滑模)适用于现场浇筑的钢筋混凝土高耸结构，如(　　)等。

A. 筒仓　　　　　　　　　　　　　　B. 烟囱

C. 双曲线冷却塔　　　　　　　　　　D. 高层建筑中的剪力墙

80. 冷却塔筒壁钢筋布置时，为保证钢筋位置准确，在内外层钢筋间按一定距离进行支撑，支撑分为(　　)等几种形式。

A. 混凝土支撑　　　B. 钢筋支撑　　　C. 铝合金支撑　　　D. 木支撑

81. 钢筋混凝土桩的钢筋笼钢筋笼由(　　)组成。

A. 主筋　　　　　　　B. 箍筋　　　　　C. 插筋　　　　　D. 螺旋筋

82. 先张法施工一般有(　　)等几种。

A. 台线法　　　　　　　　　　　　　B. 粘结后张法

C. 模板法　　　　　　　　　　　　　D. 无粘结电热法

83. 先张法施工采用长线台座时，(　　)在台座上进行。

A. 预应力筋的张拉

B. 预应力筋的临时锚固

C. 预应力筋的放张

D. 混凝土构件的浇筑和养护

84. 砂箱装置由(　　)组成。

A. 钢制的套箱　　　B. 活塞　　　　　C. 钢横梁　　　　D. 台墩

85. 后张法施工的张拉机具和设备，主要由(　　)组成。

A. 液压千斤顶　　　B. 高压油泵　　　C. 油管部分　　　D. 活塞

86. 根据承力结构形式的不同，台座可分为(　　)等。

A. 立式台座　　　　　　　　　　　　B. 墩式台座

C. 卧式台座　　　　　　　　　　　　D. 槽式台座

87. 墩式台座是由( )等组成。

A. 锚板　　　　　B. 台面　　　　　C. 钢横梁　　　　　D. 台墩

88. 槽式台座是由( )组成。

A. 钢筋混凝土传力柱　　　　　　　B. 台面

C. 牛腿　　　　　　　　　　　　　D. 上下横梁

89. 后张法施工中，单根预应力钢筋的制作一般包括( )等工序。

A. 配件　　　　　B. 下料　　　　　C. 对焊　　　　　D. 冷拉

90. 后张法施工中，预应力钢丝束的制作一般包括( )等工序。

A. 冷拉　　　　　　　　　　　　　B. 调直

C. 下料编束　　　　　　　　　　　D. 安装锚具

91. 后张法施工中，钢筋束、钢绞线束预应力筋、预应力钢筋束的制作一般包括( )等工序。

A. 开盘冷拉　　　　B. 下料　　　　C. 调直　　　　D. 编束

92. 后张法施工中，金属螺旋管按照相邻咬合之间的凸出部分的数目分为( )。

A. 圆形　　　　　B. 单波纹　　　　C. 扁形　　　　　D. 双波纹

93. 后张法施工中，金属螺旋管按照截面形状分为( )。

A. 圆形　　　　　B. 单波纹　　　　C. 扁形　　　　　D. 双波纹

94. 后张法施工中，金属螺旋管按照径向刚度分为( )。

A. 标准型　　　　B. 扁形　　　　　C. 圆形　　　　　D. 增强型

95. 后张法施工中，金属螺旋管按照钢带表面状况分为( )。

A. 镀锌螺旋管　　B. 不镀锌螺旋管　C. 单波纹　　　　D. 双波纹

96. 后张法施工中，SBG 型塑料波纹管用于预应力筋孔道，具有( )优点。

A. 提高预应力筋的防腐保护，可防止氯离子侵入而产生的电腐蚀；不导电，可防止杂散电流腐蚀

B. 密封性好，预应力筋不生锈

C. 强度高，刚度大，不怕踩压，不易被振动棒凿破

D. 减小张拉过程中的孔道摩擦损失；提高了预应力筋的耐疲劳能力

97. 后张法施工中，穿束需要解决的问题是( )。

A. 穿束时机　　　　　　　　　　　B. 穿束部位

C. 穿束设备　　　　　　　　　　　D. 穿束方法

98. 后张法施工中，先穿束法按穿束与预埋波纹管之间的配合，又可分为( )等几种情况。

A. 先穿束后装管　　　　　　　　　B. 先装管后穿束

C. 二者组装后放入   D. 边装管边穿束

99. 后张法施工中，根据预应力混凝土的结构特点、预应力筋形状与长度以及施工方法的不同，预应力筋张拉方式有( )等几种。

A. 分批张拉方式   B. 分段张拉方式

C. 分阶段张拉方式   D. 补偿张拉方式

100. 后张法施工中，张拉时应认真做到( )对中，以便张拉工作顺利进行，并不致增加孔道摩擦损失。

A. 楔块   B. 孔道   C. 锚环   D. 千斤顶

101. 后张法施工中，工具锚夹片中的润滑剂可采用( )等。

A. 石墨   B. 二硫化钼

C. 石蜡   D. 专用退锚灵

102. 后张法施工中，灌浆用的设备包括( )。

A. 灰浆搅拌机   B. 灌浆泵和储浆桶

C. 过滤器   D. 橡胶管和喷浆嘴

103. 割掉多余部分无粘结筋时不得用( )。

A. 切割机   B. 电弧   C. 砂轮锯   D. 乙炔焰

104. 建筑工程质量验收应划分为( )。

A. 单位(子单位)工程   B. 分部(子分部)工程

C. 分项工程   D. 检验批

105. 在已绑扎或安装的钢筋骨架中，同一截面内受力钢筋接头太多，其截面面积占受力钢筋总截面面积的百分率超出规范规定数值，其原因有( )。

A. 筋配料技术人员配料时，疏忽大意，没有认真考虑原材料长度

B. 不熟悉有关绑扎、焊接接头的规定

C. 没有分清钢筋位于受拉区或受压区

D. 不明白同一截面的含义

106. 电弧焊接头尺寸不准表现为( )。

A. 帮条及搭接接头焊缝长度不足

B. 帮条沿接头中心成纵向偏移

C. 接头处钢筋轴线弯折和偏移

D. 焊缝尺寸不足或过大

107. 通过图样会审可达到( )的目的。

A. 熟悉施工图样，弄清操作内容

B. 领会设计意图，理解操作要点

C. 构思操作过程，明确操作要求，确定合理的施工操作方法

D. 发现图样的矛盾之处，并及时向技术部门汇报

108. 钢筋配料单的核对内容主要有(　　)。

A. 核对抽样的成形钢筋种类是否齐全，有无漏项

B. 钢筋图样是否符合设计要求，是否便于施工

C. 抽样的成形钢筋弯钩、弯折是否符合《施工质量验收规范》的要求

D. 核对各种钢筋下料长度尺寸是否准确

109. 进场的成形钢筋核对的主要内容有(　　)。

A. 加工后进场的成形钢筋直径、等级、形状是否符合要求，尺寸误差是否在允许偏差范围内

B. 成形钢筋的堆放是否符合标准要求

C. 抽样的成形钢筋弯钩、弯折是否符合《施工质量验收规范》的要求

D. 钢筋图样是否符合设计要求，是否便于施工

技能要求试题

一、钢筋混凝土墙板钢筋绑扎

1. 考件图样(见图1)

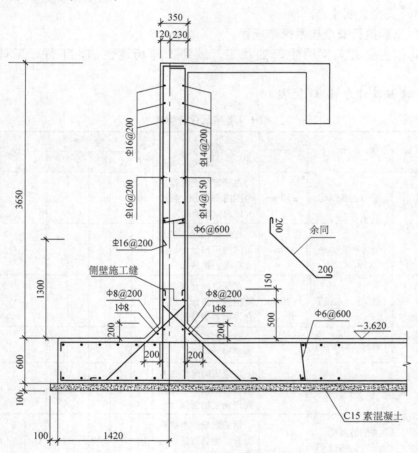

图 1　某钢筋混凝土墙板剖面图

2. 准备要求

（1）材料　φ6、φ8、φ14、φ18 线材若干。

（2）设备　手动切断机，工作台。

（3）工具　手摇扳手，2m 钢卷尺，粉笔，铁钉。

3. 考核内容

（1）考核要求

1）个人独立完成下料和制作。

2）按下料长度将钢筋切断，钢筋的断口不得有马蹄形或弯曲现象。

3）将钢筋弯曲成形，钢筋形状正确，平面没有翘曲现象。钢筋的内皮尺寸要满足要求（±5mm）。

（2）时间定额　2h。

（3）安全文明生产

1）正确执行安全技术操作规程。

2）按企业有关文明生产的规定，做到工作场地整洁，工件、工具摆放整齐。

4. 考核及评分标准（见表 1）

表 1　考核及评分标准

| 序　　号 | 测 定 项 目 | 允许偏差 | 评分标准 | 满分 | 检 测 点 | | | | | 得　　分 |
					1	2	3	4	5	
1	受力钢筋间距	±10mm	在规定的允许偏差范围内不扣分，超过允许偏差酌情扣分	10						
2	受力钢筋排距	±5mm	在规定的允许偏差范围内不扣分，超过允许偏差酌情扣分	10						
3	钢筋弯起点位置	±20mm	在规定的允许偏差范围内不扣分，超过允许偏差酌情扣分	10						
4	箍筋构造筋绑扎		要求绑扎正确，否则酌情扣分	10						
5	受力钢筋保护层	±3mm	在规定的允许偏差范围内不扣分，超过允许偏差酌情扣分	10						
6	钢筋数量有无错误		钢筋数量少本题不得分，钢筋数量多酌情扣分	10						
7	安全施工		要求施工过程中安全无事故，有重大事故本题不得分，一般事故本项不得分	10						

（续）

| 序　号 | 测定项目 | 允许偏差 | 评分标准 | 满分 | 检 测 点 | | | | | 得　分 |
					1	2	3	4	5	
8	文明施工		应做到工完场清，工完场不清本项不得分	10						
9	工效		在规定的时间内完成全部工作不扣分，否则酌情扣分	20						

二、现浇钢筋混凝土楼梯钢筋绑扎

1. 考件图样（见图2）

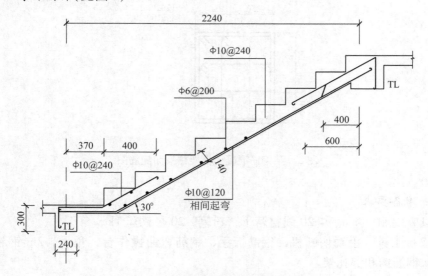

图 2　某钢筋混凝土现浇楼梯剖面图

2. 准备要求

（1）材料　φ6、φ10 线材若干。

（2）设备　手动切断机，工作台。

（3）工具　手摇扳手，2m 钢卷尺，粉笔，铁钉。

3. 考核内容

（1）考核要求

1）个人独立完成下料和制作。

2）钢筋的断口不得有马蹄形或弯曲现象。

3）钢筋形状正确，平面平整，没有翘曲现象。

4）弯起点位置符合加工要求（±20mm）。

（2）时间定额　2h。

（3）安全文明生产

1）正确执行安全技术操作规程。

2）按企业有关文明生产的规定，做到工作场地整洁，工件、工具摆放整齐。

三、现浇钢筋混凝土框架柱钢筋绑扎

1. 考件图样（见图 3）

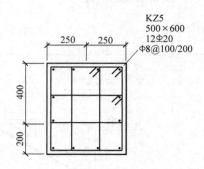

图 3　某钢筋混凝土框架柱平面配筋图

2. 准备要求

（1）材料　φ8、φ20 线材若干，粉笔，20 号铁丝 1kg。

（2）工具　手动切断机，钢筋扳手，钢筋弯曲操作台，角尺，2m 钢卷尺，粉笔，钢筋钩和绑扎架。

3. 考核内容

（1）考核要求

1）个人独立完成下料和制作。

2）质量符合国家现行的有关施工及验收规范。

（2）时间定额　2h。

（3）安全文明生产

1）正确执行安全技术操作规程。

2）按企业有关文明生产的规定，做到工作场地整洁，工件、工具摆放整齐。

四、现浇钢筋混凝土楼板钢筋绑扎

1. 考件图样(见图4)

2. 准备要求

（1）材料　φ6 线材（长 6m）、φ8 线材（长 6m）若干，粉笔，20 号铁丝 3kg。

（2）设备　钢筋弯曲机，切割机。

（3）工具　铁钳，2m 钢卷尺，钢筋钩。

3. 考核内容

（1）考核要求

1）个人独立完成一块板的钢筋下料和制作。

2）质量符合国家现行的有关施工及验收规范。

（2）时间定额　3h。

（3）安全文明生产

1）正确执行安全技术操作规程。

2）按企业有关文明生产的规定，做到工作场地整洁，工件、工具摆放整齐。

五、现浇钢筋混凝土框架梁钢筋绑扎

1. 考件图样(见图5)

2. 准备要求

（1）材料　φ8、φ14、φ16、φ18、φ20、φ22、φ25 线材若干，粉笔，20 号铁丝 5kg。

（2）设备　切割机。

（3）工具　钢筋扳手，钢筋弯起操作台，铁钳，2m 钢卷尺，钢筋钩。

3. 考核内容

（1）考核要求

1）个人独立完成一根梁（自选）的钢筋下料和制作。

2）正确计算钢筋根数。

3）质量符合国家现行的有关施工及验收规范。

（2）时间定额　3h。

（3）安全文明生产

1）正确执行安全技术操作规程。

2）按企业有关文明生产的规定，做到工作场地整洁，工件、工具摆放整齐。

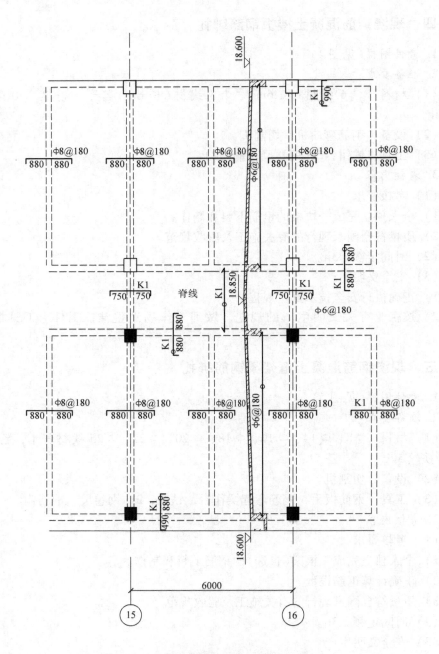

图4 某钢筋混凝土楼板配筋图(局部)

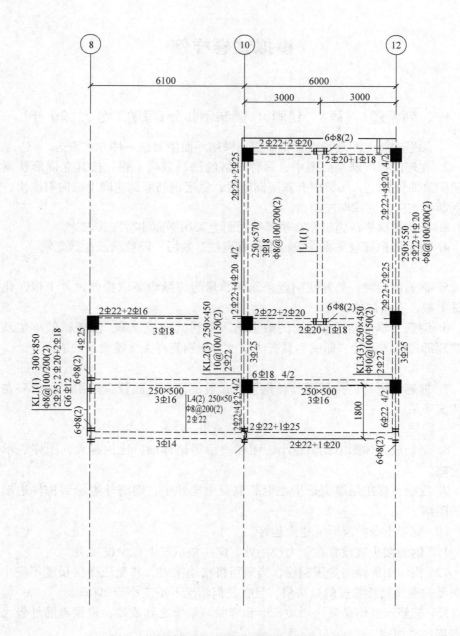

图 5　某钢筋混凝土框架梁平面配筋图(局部)

模拟试卷样例

一、判断题（对画√,错画×,画错倒扣分;每题 1 分,共 20 分）

1. 梁平法施工图是指在梁平面图上采用平面注写这一种方式表达。（　　）

2. 在现浇板配筋平面图中,每种规格的钢筋只画 1 根,按其立面形状画在钢筋安放的位置上。如板中有双层钢筋时,底层钢筋弯钩应向上或向右画出,顶层钢筋弯钩应向下或向左画出。（　　）

3. 板式楼梯平法施工图在楼梯平面图上采用平面注写方式表达。（　　）

4. 施工用钢筋应平直,表面不得有裂纹、油污、颗粒状或片状老锈。
（　　）

5. 钢筋检验时,热轧圆钢盘条取样数量为每批盘条取拉伸试件 1 根,化学试件 1 根,弯曲试件 1 根。（　　）

6. 钢筋力学性能试验得出的数据填入钢筋试验报告单,加盖试验单位及技术监理部门的印章后,即成为具有法律效力的钢筋有关性能质量的依据。
（　　）

7. 握裹型锚具、夹具因其耗钢量大,装配复杂,故较少采用,一般只在特殊情况下采用。
（　　）

8. 钢筋放大样图中比例越小,图样表示得越详细;比例越大,图样表示得越简略。（　　）

9. 混凝土保护层厚度是指在钢筋混凝土构件中,钢筋外边缘到构件边端之间的距离。（　　）

10. 混凝土保护层厚度越大越好。（　　）

11. 钢筋接头宜设置在受力较小处,同一根钢筋上宜少设接头。（　　）

12. 构件中的纵向受压钢筋,当采用搭接连接时,其受压搭接长度不应小于纵向受拉钢筋搭接长度的 0.7 倍,且在任何情况下不应小于 200mm。（　　）

13. 箍筋调整值是弯钩增加长度和弯曲调整值之和或差,根据箍筋外包尺寸或内皮尺寸而定。（　　）

14. 普通混凝土中直径大于 25mm 的钢筋和轻骨料混凝土中直径大于 20mm 的钢筋不应采用绑扎接头。（　　）

15. 现浇框架板钢筋绑扎时，按画好的间距，先摆分布筋，再放受力主筋。（ ）

16. 雨篷板的受力筋应配置在构件断面的下部，并将受力筋伸进雨篷梁内。（ ）

17. 肋形楼盖中，在板、次梁与主梁的交叉处，板的钢筋在上，次梁的钢筋居中，主梁的钢筋在下。（ ）

18. 预制空心板梁的张拉顺序为先张拉中间一根，再逐步向两边对称进行。（ ）

19. 预应力钢丝束可以直接张拉。（ ）

20. 钢绞线、钢丝束下料采用砂轮切割机或液压切割机切割。（ ）

二、选择题（将正确答案的序号填入括号内；每题 1 分，共 80 分）

（一）单选题

1. ϕ 10@100/250，表示箍筋为 HPB235（Ⅰ级）钢筋，直径为 10mm，（ ）。

A. 加密区间距为 100mm，非加密区间距为 250mm

B. 加密区间距为 250mm，非加密区间距为 100mm

C. 全柱均为 100mm

D. 全柱均为 250mm

2. 平面注写包括集中标注与原位标注，施工时（ ）。

A. 集中标注取值优先   B. 原位标注取值优先

C. 取平均值   D. 核定后取值

3. 钢筋检验时热轧圆钢盘条每批盘条重量不大于（ ）。

A. 40t   B. 60t   C. 80t   D. 100t

4. 钢筋撑脚每隔（ ）放置一个。

A. 0.6m   B. 0.8m   C. 1.0m   D. 1.2m

5. 用导管灌注水下混凝土桩，钢筋笼的外径应比钻孔直径小（ ）左右。

A. 50mm   B. 100mm   C. 150mm   D. 200mm

6. 除受剪预埋件外，锚筋直径不宜大于（ ）。

A. 22mm   B. 25mm   C. 28mm   D. 30mm

7. 预应力筋孔道的保护层应符合下列规定：在框架梁中，从孔壁算起的混凝土最小保护层厚度，板底为（ ）。

A. 30mm   B. 40mm   C. 50mm   D. 60mm

8. 检查受力钢筋弯钩和弯折的数量：按每工作班同一类型钢筋、同一加工设备抽查不应少于（ ）件。

A. 3   B. 4   C. 5   D. 6

9. 预应力筋张拉或放张时，混凝土强度应符合设计要求；当设计无具体要求时，不应低于设计的混凝土立方体抗压强度标准值的（   ）。

    A. 100%   B. 95%   C. 85%   D. 75%

10. 施加预应力后，砂箱的压缩值若不大于（   ），则预应力损失可略去不计。

    A. 0.2mm   B. 0.3mm   C. 0.5mm   D. 0.4mm

11. 采用锥形螺杆锚具时，预顶的张拉力为预应力筋张拉力的（   ），以使钢丝束牢固地锚在锚具内，张拉时不致滑动。

    A. 50%～60%   B. 60%～80%

    C. 100%～120%   D. 120%～130%

12. 当 HRB335、HRB400 和 RRB400 级钢筋在锚固区的混凝土保护层厚度大于钢筋直径的 3 倍且配有箍筋时，其锚固长度可乘以修正系数（   ）。

    A. 0.8   B. 1.0   C. 1.2   D. 1.4

13. 同一连接区段内，纵向受拉钢筋搭接接头面积百分率应符合设计要求；当设计无具体要求时，工程中确有必要增大接头面积百分率的，对梁类构件不应大于（   ）。

    A. 25%   B. 35%   C. 45%   D. 50%

14. 非预应力钢筋下料长度的计算中，半圆弯钩增加长度的计算值为（   ）。

    A. $3d$ B. $3.5d$ C. $4.9d$ D. $6.25d$

15. 独立柱基础中，钢筋的绑扎顺序为（   ）。

    A. 基础钢筋网片→插筋→柱受力钢筋→柱箍筋

    B. 基础钢筋网片→柱箍筋→柱受力钢筋→插筋

    C. 基础钢筋网片→插筋→柱箍筋→柱受力钢筋

    D. 柱受力钢筋→基础钢筋网片→插筋→柱箍筋

16. 当基础底板的板厚 $h=30～50cm$ 时，钢筋撑脚的直径为（   ）。

    A. 8～10mm   B. 10～12mm

    C. 12～14mm   D. 14～16mm

17. 箍筋采用90°角搭接时，搭接处应焊接，单面焊焊接长度不小于（   ）。

    A. $5d$ B. $10d$ C. $15d$ D. $20d$

18. 在绑扎接头任一搭接长度区段内的受力钢筋截面面积占受力钢筋总截面面积百分率应符合受拉区不得超过（   ）的规定。

    A. 25%   B. 35%   C. 45%   D. 50%

19. 墙板（双层网片）钢筋绑扎中，必须设置直径 6～12mm 的钢筋撑铁，间距（   ），相互错开排列。

    A. 40～60mm   B. 60～80mm

C. 80～100mm　　　　　　　　　　D. 100～120mm

20. 墙板（双层网片）钢筋的绑扎顺序为（　　）。

A. 立外模并画线→绑扎外侧网片→绑扎内侧网片→绑扎拉筋→安放保护层垫块→设置撑铁→检查→立内模

B. 立外模并画线→绑扎内侧网片→绑扎外侧网片→绑扎拉筋→安放保护层垫块→设置撑铁→检查→立内模

C. 立外模并画线→绑扎外侧网片→绑扎拉筋→绑扎内侧网片→安放保护层垫块→设置撑铁→检查→立内模

D. 立外模并画线→绑扎内侧网片→绑扎拉筋→绑扎外侧网片→安放保护层垫块→设置撑铁→检查→立内模

21. 滑动模板（滑模）钢筋绑扎，应保持混凝土表面比模板上口低（　　）。

A. 50～100mm　　　　　　　　　　B. 100～150mm

C. 150～200mm　　　　　　　　　　D. 200～250mm

22. 剪力墙结构大模板钢筋绑扎与预制外墙板连接时，外墙板安装就位后，将本层剪力墙边柱竖筋插入预制外墙板侧面钢筋套环内，竖筋插入外墙板套环内不得少于（　　）个，并绑扎牢固。

A. 一　　　　　B. 二　　　　　C. 三　　　　　D. 四

23. 为防止在大风情况下竖向钢筋的晃动影响钢筋位置的准确和新浇混凝土与钢筋间的握裹力，应从支撑好的模板面向上 1.5～2m 处绑扎 1～2 道环向筋，且与内操作平台用支撑相连，支撑间距为每（　　）左右一根。

A. 3m　　　　　B. 4m　　　　　C. 5m　　　　　D. 6m

24. 钢筋混凝土桩中，分段制作的钢筋笼，其长度以小于（　　）为宜。

A. 8m　　　　　B. 10m　　　　　C. 12m　　　　　D. 15m

25. 先张法施工中，墩式台座要求台面平整、光滑，沿长度方向每隔（　　）左右设置一条伸缩缝。

A. 8m　　　　　B. 10m　　　　　C. 12m　　　　　D. 15m

26. 先张法施工中，冷轧带肋钢筋的绑扎长度不应小于（　　）。

A. 15d　　　　　B. 25d　　　　　C. 35d　　　　　D. 45d

27. 后张法施工中，预应力筋冷拉后弹性回缩率也须经试验确定，一般为（　　）。

A. 0.2%　　　　　B. 0.4%　　　　　C. 0.1%　　　　　D. 0.3%

28. 金属螺旋管的连接采用大一号同型螺旋管，接头管的长度为（　　），其两端用密封胶带或塑料热缩管封裹。

A. 100～200mm　　　　　　　　　　B. 200～300mm

C. 300～400mm　　　　　　　　　　D. 400～500mm

29. 钢管抽芯法中，为防止在浇筑混凝土时钢管产生位移，每隔（　　）用钢筋井字架固定牢靠。

　　A. 1.2m　　　　　B. 0.6m　　　　　C. 0.8m　　　　　D. 1.0m

30. 胶管抽芯法中，采用（　　）层帆布胶管。

　　A. 1~3　　　　　B. 3~5　　　　　C. 5~7　　　　　D. 7~9

31. 灌浆孔可设置在锚垫板上或利用灌浆管引至构件外，其间距对抽芯成形孔道不宜大于（　　）。

　　A. 10m　　　　　B. 12m　　　　　C. 13m　　　　　D. 15m

32. 曲线预应力筋孔道的每个波峰处，应设置泌水管。泌水管伸出梁面的高度不宜小于（　　），泌水管也可兼作灌浆孔用。

　　A. 0.3m　　　　　B. 0.5m　　　　　C. 0.6m　　　　　D. 0.4m

33. 对束长大于（　　）的预应力筋，采用卷扬机穿束。

　　A. 70m　　　　　B. 80m　　　　　C. 50m　　　　　D. 60m

34. 后张法构件为了搬运等需要，可提前施加一部分预应力，使梁体建立较低的预压应力以承受自重荷载，但混凝土的立方体强度不应低于设计强度的（　　）。

　　A. 40%　　　　　B. 50%　　　　　C. 60%　　　　　D. 75%

35. 后张法预应力混凝土屋架等构件一般在施工现场平卧重叠制作，重叠层数为（　　）。

　　A. 1~2层　　　　B. 2~3层　　　　C. 3~4层　　　　D. 4~5层

36. 后张法预应力筋张拉时，发生断裂或滑脱的数量严禁超过同一截面预应力筋总根数的（　　）。

　　A. 3%　　　　　B. 4%　　　　　C. 5%　　　　　D. 6%

37. 孔道灌浆一般采用水泥浆，水泥应采用普通硅酸盐水泥，配制的水泥浆或砂浆水灰比一般宜采用（　　），可掺入适量膨胀剂。

　　A. 0.25~0.3　　　　　　　　　　B. 0.3~0.35

　　C. 0.35~0.4　　　　　　　　　　D. 0.4~0.45

38. 在后张法中，灌浆试块采用边长为70.7mm的立方体试模制作，经标准养护28d后的抗压强度不应低于（　　）。

　　A. 10MPa　　　　B. 20MPa　　　　C. 30MPa　　　　D. 40MPa

39. 成束无粘结筋当使用防腐沥青做涂料层时，应用密缠塑带做外包层，塑料带各圈之间的搭接宽度应不小于带宽的（　　）。

　　A. 1/4　　　　　B. 1/2　　　　　C. 1/3　　　　　D. 1/5

40. 铺设无粘结筋时，铁马凳高度应根据设计要求的无粘结筋曲率确定，铁马凳间隔不宜大于（　　），并应用铁丝与无粘结筋扎牢。

A. 1m   B. 2m   C. 3m   D. 4m

（二）多选题

1. 钢筋工在下料之前应首先看懂图样，看懂每一种类型钢筋的（   ）。

A. 形状   B. 级别   C. 直径   D. 长度

2. 平法制图的表示方法，是把结构构件的（   ）等，按照平面整体表示方法制图规则，整体直接地表达在各类构件的结构平面布置图上，再与标准结构详图相配合，即构成一套新型完整的结构设计的方法。

A. 尺寸   B. 钢筋的形状

C. 配筋   D. 钢筋的性能

3. 锚具和夹具的种类很多，按作用机理可分为（   ）。

A. 螺杆式   B. 摩阻型   C. 握裹型   D. 承压型

4. 钢筋基本锚固长度，取决于（   ）。

A. 钢筋强度   B. 混凝土抗拉强度

C. 钢筋外形有关   D. 混凝土保护层厚度

5. 预应力原材料进场时质量检验的方法为（   ）。

A. 检查产品合格证   B. 检查出厂检验报告

C. 检查进场复验报告   D. 抽样检查

6. 预应力筋使用前应进行外观检查，其质量应符合下列（   ）的要求。

A. 有粘结预应力筋展开后应平顺，不得有弯折，表面不得有裂纹、小刺、机械损伤、氧化铁皮和油污等

B. 预应力筋的品种、级别、规格和数量必须符合设计要求

C. 无粘结预应力筋护套应光滑、无裂缝，无明显褶皱

D. 预应力筋的力学性能必须符合设计要求

7. 梁、肋箍筋被压弯的原因是（   ）。

A. 梁、肋过高

B. 工人操作不当

C. 箍筋设计直径较小

D. 无设计或没及时绑扎构造筋及拉筋

8. 施工班组技术管理的主要任务有（   ）。

A. 严格执行技术管理制度

B. 进行技术交底

C. 认真执行施工组织设计、落实好各项技术措施

D. 参加图样会审

9. 柱平法列表注写方式中，柱编号由（   ）组成。

A. 类型代号   B. 序列号

C. 尺寸代号   D. 轴线代号

10. 板式楼梯平法施工图中，注写内容包括（　　）。

A. 原位标注   B. 集中标注

C. 外围标注   D. 截面标注

11. 板式楼梯平法施工图中，集中标注表达（　　）。

A. 梯板的类型代号   B. 梯板的序号

C. 梯板的竖向几何尺寸   D. 楼梯间的平面尺寸

12. 钢筋原材料验收的一般项目有（　　）。

A. 验收标准   B. 检查数量

C. 检验方法   D. 截面标准

13. 钢筋原材料验收的主控项目一般有（　　）。

A. 力学性能检验

B. 抗震结构

C. 截面标准

D. 化学成分检验或其他专项检验

14. LYZ—1A 型电动卷扬张拉机的电动力卷扬机由（　　）组成。

A. 电动机   B. 变速箱

C. 卷筒   D. 专用夹具

15. 要熟知（　　）等直接影响钢筋加工、绑扎安装的工艺，根据工艺要求不同来编制相应的钢筋配料单。

A. 钢筋加工条件   B. 焊接设备

C. 粗钢筋弯曲设备   D. 预应力张拉设备

16. 钢筋的弯钩通常有（　　）等几种形式。

A. 圆弯钩   B. 半圆弯钩   C. 直弯钩   D. 斜弯钩

17. 构件中的非预应力钢筋，因弯曲会使长度发生变化，所以配料时不能根据配筋图尺寸直接下料，必须根据各种构件的（　　）等规定，结合所掌握的一些计算方法，再根据图中尺寸计算出下料长度。

A. 混凝土保护层   B. 钢筋弯曲   C. 搭接   D. 弯钩

18. 先张法长线台座上的预应力筋，可采用钢丝和钢绞线，根据张拉装置不同，可采用（　　）。

A. 单根张拉方式   B. 成束张拉方式

C. 整体张拉方式   D. 机械张拉方式

19. 钢筋代换一般采用（　　）。

A. 等品种代换   B. 等强度代换

C. 等面积代换   D. 等规格代换

20. 滑动模板(滑模)适用于现场浇筑的钢筋混凝土高耸结构,如(   )等。

A. 筒仓   B. 烟囱

C. 双曲线冷却塔   D. 高层建筑中的剪力墙

21. 钢筋混凝土桩的钢筋笼由(   )组成。

A. 主筋   B. 箍筋   C. 插筋   D. 螺旋筋

22. 先张法施工一般有(   )等几种。

A. 台线法   B. 粘结后张法

C. 模板法   D. 无粘结电热法

23. 先张法施工采用长线台座时,(   )在台座上进行。

A. 预应力筋的张拉   B. 预应力筋的临时锚固

C. 预应力筋的放张   D. 混凝土构件的浇筑和养护

24. 砂箱装置由(   )组成。

A. 钢制的套箱   B. 活塞   C. 钢横梁   D. 台墩

25. 后张法施工的张拉机具和设备,主要由(   )组成。

A. 液压千斤顶   B. 高压油泵   C. 油管部分   D. 活塞

26. 根据承力结构形式的不同,台座可分为(   )等。

A. 立式台座   B. 墩式台座

C. 卧式台座   D. 槽式台座

27. 墩式台座是由(   )等组成。

A. 锚板   B. 台面   C. 钢横梁   D. 台墩

28. 后张法施工中,钢筋束、钢绞线束预应力筋、预应力钢筋束的制作一般包括(   )等工序。

A. 开盘冷拉   B. 下料   C. 调直   D. 编束

29. 后张法施工中,SBG 型塑料波纹管用于预应力筋孔道,具有(   )等优点。

A. 提高预应力筋的防腐保护,可防止氯离子侵入而产生的电腐蚀;不导电,可防止杂散电流腐蚀

B. 密封性好,预应力筋不生锈

C. 强度高,刚度大,不怕踩压,不易被振动棒凿破

D. 减小张拉过程中的孔道摩擦损失;提高了预应力筋的耐疲劳能力

30. 后张法施工中,根据预应力混凝土的结构特点、预应力筋形状与长度以及施工方法的不同,预应力筋张拉方式有(   )等几种。

A. 分批张拉方式   B. 分段张拉方式

C. 分阶段张拉方式   D. 补偿张拉方式

31. 后张法施工中，张拉时应认真做到（　　）对中，以便张拉工作顺利进行，并不致增加孔道摩擦损失。

 A. 楔块   B. 孔道   C. 锚环   D. 千斤顶

32. 后张法施工中，工具锚夹片中的润滑剂可采用（　　）等。

 A. 石墨   B. 二硫化钼

 C. 石蜡   D. 专用退锚灵

33. 后张法施工中，灌浆用的设备包括（　　）。

 A. 灰浆搅拌机   B. 灌浆泵和储浆桶

 C. 过滤器   D. 橡胶管和喷浆嘴

34. 割掉多余部分无粘结筋时不得用（　　）。

 A. 切割机   B. 电弧   C. 砂轮锯   D. 乙炔焰

35. 建筑工程质量验收应划分为（　　）。

 A. 单位（子单位）工程   B. 分部（子分部）工程

 C. 分项工程   D. 检验批

36. 在已绑扎或安装的钢筋骨架中，同一截面内受力钢筋接头太多，其截面面积占受力钢筋总截面面积的百分率超出规范规定数值，其原因有（　　）。

 A. 筋配料技术人员配料时，疏忽大意，没有认真考虑原材料长度

 B. 不熟悉有关绑扎、焊接接头的规定

 C. 没有分清钢筋位于受拉区或受压区

 D. 不明白同一截面的含义

37. 电弧焊接头尺寸不准表现为（　　）。

 A. 帮条及搭接接头焊缝长度不足

 B. 帮条沿接头中心成纵向偏移

 C. 接头处钢筋轴线弯折和偏移

 D. 焊缝尺寸不足或过大

38. 通过图样会审可达到（　　）的目的。

 A. 熟悉施工图样，弄清操作内容

 B. 领会设计意图，理解操作要点

 C. 构思操作过程，明确操作要求，确定合理的施工操作方法

 D. 发现图样的矛盾之处，并及时向技术部门汇报

39. 钢筋配料单的核对内容主要有（　　）。

 A. 核对抽样的成形钢筋种类是否齐全，有无漏项

 B. 钢筋图样是否符合设计要求，是否便于施工

 C. 抽样的成形钢筋弯钩、弯折是否符合《施工质量验收规范》的要求

 D. 核对各种钢筋下料长度尺寸是否准确

40. 进场的成形钢筋核对的主要内容有(　　)。

A. 加工后进场的成形钢筋直径、等级、形状是否符合要求，尺寸误差是否在允许偏差范围内

B. 成形钢筋的堆放是否符合标准要求

C. 抽样的成形钢筋弯钩、弯折是否符合《施工质量验收规范》的要求

D. 钢筋图样是否符合设计要求，是否便于施工

答 案 部 分

一、判断题

1. ×   2. √   3. √   4. √   5. ×   6. ×   7. √   8. ×   9. ×
10. √   11. √   12. ×   13. √   14. √   15. ×   16. √   17. ×   18. √
19. √   20. √   21. ×   22. √   23. √   24. ×   25. ×   26. √   27. √
28. √   29. ×   30. √   31. √   32. √   33. √   34. √   35. ×   36. ×
37. √   38. √   39. √   40. √   41. √   42. ×   43. √   44. √   45. √
46. ×   47. √   48. √   49. ×   50. √   51. √   52. ×   53. √   54. √
55. ×   56. √   57. √   58. ×   59. √   60. √   61. ×   62. ×   63. √
64. ×   65. √   66. √   67. √   68. ×   69. √   70. √   71. ×   72. √
73. √   74. √   75. ×   76. √   77. ×   78. √   79. √   80. ×   81. ×
82. √   83. √   84. ×   85. √   86. √   87. ×   88. √   89. √   90. √
91. ×   92. √   93. ×   94. ×   95. √   96. ×   97. √   98. √   99. ×
100. √   101. √   102. ×   103. √   104. ×   105. √   106. √   107. ×   108. √
109. √   110. √   111. √   112. √   113. √   114. ×   115. √   116. √   117. √
118. ×   119. √   120. ×   121. ×   122. √   123. √   124. √   125. ×   126. √
127. √   128. ×   129. √   130. √   131. √   132. ×   133. √   134. ×   135. ×
136. ×   137. √   138. √   139. √   140. ×   141. √   142. √   143. ×   144. √
145. ×   146. √   147. √   148. ×   149. √   150. ×   151. √   152. √   153. ×
154. ×   155. √   156. √   157. √   158. ×   159. ×   160. √   161. ×   162. ×
163. ×   164. ×   165. ×   166. ×   167. ×   168. √   169. ×   170. ×   171. √
172. √   173. √   174. ×   175. √   176. √   177. ×   178. ×   179. √   180. ×
181. ×   182. √   183. ×   184. ×   185. √   186. √   187. ×   188. √   189. ×
190. √   191. ×   192. √   193. ×   194. √   195. √   196. ×   197. √   198. ×
199. √   200. ×   201. √   202. √   203. √   204. √   205. ×   206. √   207. ×
208. ×   209. √   210. √   211. √   212. √   213. √   214. ×   215. √   216. √
217. √   218. ×   219. √   220. √   221. ×   222. ×   223. √   224. ×   225. ×
226. √   227. ×   228. ×   229. √   230. √   231. ×   232. ×   233. √   234. √

235. √　236. √　237. ×　238. √　239. √　240. ×　241. ×　242. √　243. ×
244. ×　245. ×　246. √　247. ×　248. √　249. ×　250. √　251. ×　252. ×
253. ×　254. ×　255. ×　256. √　257. ×　258. ×　259. ×　260. ×　261. √
262. √

二、选择题

（一）单选题

1. C	2. A	3. B	4. C	5. D	6. D	7. C	8. A	9. B
10. D	11. C	12. D	13. B	14. B	15. C	16. A	17. C	18. D
19. D	20. B	21. B	22. D	23. D	24. C	25. B	26. A	27. C
28. A	29. B	30. A	31. C	32. B	33. B	34. D	35. A	36. D
37. A	38. D	39. C	40. A	41. D	42. C	43. D	44. A	45. C
46. C	47. C	48. A	49. B	50. C	51. B	52. D	53. A	54. B
55. D	56. C	57. D	58. C	59. B	60. A	61. B	62. B	63. D
64. B	65. C	66. C	67. D	68. D	69. B	70. C	71. B	72. D
73. A	74. B	75. D	76. D	77. C	78. D	79. B	80. C	81. A
82. C	83. C	84. D	85. C	86. B	87. D	88. C	89. B	90. A
91. D	92. B	93. C	94. A	95. C	96. A	97. D	98. B	99. C
100. B	101. D	102. B	103. C	104. C	105. B	106. C	107. B	108. B
109. D	110. C	111. A	112. C	113. C	114. B	115. A	116. B	117. B
118. A	119. D	120. D	121. C	122. A	123. B	124. A	125. D	126. A
127. C	128. D	129. B	130. C	131. B	132. B	133. B	134. C	135. D
136. D	137. C	138. C	139. A	140. B	141. C	142. B	143. D	144. B
145. C	146. A	147. B	148. D	149. A	150. C	151. C	152. C	153. B
154. A	155. A	156. C	157. D	158. C	159. C	160. B	161. A	162. B
163. B	164. C	165. A	166. B	167. B	168. A	169. D		

（二）多选题

1. ABCD	2. AC	3. AB	4. ABC	5. BD	6. BCD
7. ABD	8. BCD	9. ABCD	10. ABC	11. ABCD	12. ABD
13. ABCD	14. ACD	15. ABC	16. ABC	17. ABC	18. BCD
19. ABD	20. ACD	21. ABC	22. AC	23. BCD	24. ABD
25. BCD	26. BCD	27. AB	28. ABCD	29. ABD	30. CD
31. ABC	32. AB	33. ACD	34. AC	35. AB	36. BC
37. ABCD	38. ABC	39. ABD	40. ABCD	41. AD	42. ABCD
43. ABC	44. AC	45. ABCD	46. ACD	47. AC	48. ABC

49. AC	50. ABCD	51. AB	52. ABD	53. ABD	54. AC
55. CD	56. BC	57. CD	58. AB	59. AD	60. ABCD
61. AC	62. BC	63. BCD	64. BD	65. BCD	66. ABCD
67. ABCD	68. ABC	69. ACD	70. ABC	71. BD	72. AD
73. ABCD	74. ABCD	75. BCD	76. ABCD	77. AC	78. BC
79. ABCD	80. BD	81. ABD	82. AC	83. ABCD	84. AB
85. ABC	86. BD	87. BCD	88. ABD	89. ACD	90. BCD
91. ABD	92. BD	93. AC	94. AD	95. AB	96. ABCD
97. AD	98. ABC	99. ABCD	100. BCD	101. ABCD	102. ABCD
103. BD	104. ABCD	105. ABC	106. ABCD	107. ABCD	108. ABCD
109. AB					

参 考 文 献

[1] 吴承霞，陈式浩．建筑结构[M]．北京：高等教育出版社，2002.

[2] 韩明．土木工程建设监理[M]．天津：天津大学出版社，2002.

[3] 杨澄宇，周和荣．建筑施工技术与机械[M]．北京：中国建筑工业出版社，2002.

[4] 建筑施工手册编写组．建筑施工手册[M]．4版．北京：中国建筑工业出版社，2003.

[5] 朱德寿．钢筋工[M]．北京：中国劳动社会保障出版社，1999.

[6] 傅钟鹏．钢筋工手册[M]．2版．北京：中国建筑工业出版社，1999.

[7] 土木建筑职业技能岗位培训教材编写组．钢筋工[M]．北京：中国建筑工业出版社，2003.

[8] 汤振华．钢筋工[M]．北京：中国环境科学出版社，2003.

[9] 马玫．钢筋工[M]．北京：中国城市出版社，2003.